KB002018

공원의 위로

1판 1쇄 인쇄 2023. 11. 14.
1판 1쇄 발행 2023. 11. 24.

지은이 배정한

발행인 고세규
편집 임솜이 디자인 조은아 마케팅 정희윤 홍보 강원모
발행처 김영사

등록 1979년 5월 17일 (제406-2003-036호)
주소 경기도 파주시 문발로 197(문발동) 우편번호 10881
전화 마케팅부 031)955-3100, 편집부 031)955-3200 | 팩스 031)955-3111

저작권자 © 2023, 배정한
이 책은 저작권법에 의해 보호를 받는 저작물이므로
저자와 출판사의 허락 없이 내용의 일부를 인용하거나 발췌하는 것을 금합니다.

값은 뒤표지에 있습니다.
ISBN 978-89-349-5507-8 03520

홈페이지 www.gimmyoung.com   블로그 blog.naver.com/gybook
인스타그램 instagram.com/gimmyoung   이메일 bestbook@gimmyoung.com

좋은 독자가 좋은 책을 만듭니다.
김영사는 독자 여러분의 의견에 항상 귀 기울이고 있습니다.

공원의 위로

Hospitality in Parks

배정한

> "그곳을 걸으면
> 눅눅한 머릿속이
> 바삭해진다"

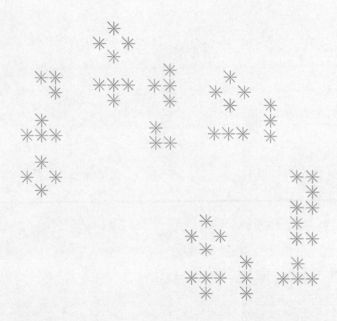

김영사

일러두기

* 본문에서 언급하는 책의 한국어판이 있는 경우는 출간 제목으로
  표기했고, 그렇지 않은 경우에는 원제를 병기했다.
* 별도의 출처와 저작권을 표시하지 않은 사진은 저자가 찍은 것이다.
  그 외의 이미지는 모두 사용 허가를 받았으나, 문제가 있을 시 적법한
  절차를 밟고자 한다.

공원이 온다

도시는 인류의 위대한 발명품이다. 도시경제학자 에드워드 글레이저가 말하듯, "진정한 도시의 힘은 사람으로부터 나온다." 도시로 모여든 사람들의 협력 생산과 문화 혁신을 통해 도시는 사회에 발전과 풍요를 약속해왔다. 그러나 동시에 도시는 불안과 피로, 소외와 불평등, 쇠퇴와 소멸, 지구환경 시스템의 붕괴를 낳은 영원한 골칫덩이기도 하다.

공원은 도시의 켤레다. 위기에 처한 19세기 근대 산업도시에 공원이 구원투수로 투입됐다. 공원은 숨 가쁜 변신을 거듭한 도시와 함께 진화하며 도시의 공간과 시간에, 도시의 삶에 틈과 쉼을 선물해왔다. 코로나 시대를 겪으며 우리는 도시의 공간적 해독제로서 공원이 갖는 힘을 새삼 실감하기도 했다. 하지만 여전히 공원은 키 큰 나무와 그늘, 드넓은 잔디밭, 평화로운 호수, 파란 하늘과 뭉게구름의 그림 같은 조합 정도로만 여겨지곤 한다. 공원은 도시의 그 어떤 공간보다 다양한 역할을 하는 멀티플레이어지만, 있어도 그만 없어도 그만인 곳으로 취급받는 도시의 비주류다.

다시, 공원이 온다. 공원에 대한 새로운 시선과 감각을 초대하는 이 책에는 지금 여기의 공원과 도시를 둘러싼 여러 이야기가 숨어 있다. 공원은 도시의 괄호다. 도시의 소란에서 탈주해 자발적으로 표류할 수 있는 장소다. 공원은 도시의 문화 발전소다. 도시의 다양한 라이프스타일을 담아내며 일상의 미학적 문해력을 길러준다. 공원은 사회적 접착제다. 지역사회와 커뮤니티를 건강하게 지탱해주는 사회적 인프라다. 공원은 도시의 여백이다. 미래 세대를 위한 숨통이다. 그리고 공원은 인간뿐 아니라 다양한 비인간 생명체와 사물이 함께 거주하는 혼종의 경관이다. 책에 담은 공원과 도시에 관한 이야기들이 단 하나의 지점으로 수렴되는 건 아니지만, 다각적으로 배치한 이야기를 느슨하게 연결하는 주제는 '위로'라고 말할 수 있다. 공원은 누구에게나 자리를 내주는 위로의 장소이자 모두를 환대하는 공간이다.

산다는 건 결국 공간에서 시간을 보내는 일이다. 공간과 장소, 즉 자신의 자리를 잡(으려)고 사는 게 우리의 일상이다. 의衣와 식食, 입는 것과 먹는 것은 어느 정도 평등해진 시대를 살고 있지만, 주住(공간과 장소)와 관련해서는 여전히 계층별 차이와 부의 수준에 따른 간극을 넘어서기 어렵다. 좋은 자리에서 거주하고 노동하며 산다는 건 참 지난한 일이다. 평범한 도시인이 가질 수 있는 자기 자리는 좁은 집과 작은 일터가 전부다. 집과 직장을 반복적으로 오가는 틀에 박힌 도시 생활에서 벗어나 작은 여유와 재미를 즐길 수 있는 또 다른 자리가 필요하다. 사회학자 레이 올든버그의 개념을 빌리면, '제3의 장소'라 말할 수도 있겠다. 일상의 굴레에서 잠시 벗어날 수 있는 위로와 환대의 장소. 하지만 자본주의 도시에서 그런 자리는 우리에게 쉽게 주어지지 않는다. 그래서 공공 공간이 필요하고 함께 쓰는 공원이 중요하다. 내 소유는 아니지만 누구나 편안하고 안전하게 누릴 수 있는 나의 공원. 이런 공원이 많은 도시가 건강하고 아름다운 도시다.

본문 첫 글에 적었듯, 공부하고 가르치고 논문이나 평문을 쓰면서 다룬 소재 대부분이 공원이었지만, 내가 나의 신체로 공원을 감각하고 공원에서 위로와 환대의 즐거움을 경험한 건 불과 얼마 전 일이다. 어느 낯선 도시의 공원에 마음을 열자 연구와 비평의 대상이던 공원이 나의 일상 속으로 들어왔다. 우연처럼, 그 직후 〈한겨레〉가 지면을 내주어 2018년 8월부터 2022년 7월까지 '크리틱' 꼭지에 공원과 도시를 가로지르는 칼럼을 연재할 수 있었다. 2022년 8월부터는 '배정한의 토포필리아'로 지면을 옮겨 글을 이어가고 있다. 이 책에 실은 쉰여덟 편의 글 대부분은 〈한겨레〉 칼럼에서 골라 다듬은 것이고, 2014년부터 월간 〈환경과조경〉에 편집주간으로 참여하며 쓴 글에서도 몇 편을 골라 보탰다.

　　'공원의 위로'와 끝까지 경합한 제목 후보는 '공원이 온다'였다. 책의 틀과 꼴, 흐름을 갖추고자 네 덩이로 나눠 글을 엮었다. 1부 '나의 공원을 찾아서'에는 주로 공원의 일상적, 감각적, 미적 경험이라고 묶일 만한 글들을 배치했다. 2부 '모두를 환대하는 공원'에 조금은 무리한 부제를 달아본다면 '공원의 사회학'이 될 수도 있겠다. 3부 '도시를 만드는 공원'에 엮은 글들은 대체로 공원이 도시(의 공간과 문화)와 맺고 있는 다층적인 함수 관계를 다룬다. 4부 '도시에서 길을 잃다'에는 공원을 넘어 다양한 도시 공간의 경험과 라이프스타일, 도시 걷기, 도시 재생 등을 다룬 글들을 묶었다. 굳이 설명을 덧붙였지만, 각 부의 경계는 유연하다. 글의 차례와 상관없이 눈이 가는 제목의 글부터 읽어도 무방하다.

　　신문 칼럼 쓰기 경험이 없던 나에게 원고를 청

해준 〈한겨레〉의 이주현 기자에게 깊이 감사드린다. 글을 읽고 그 장소에 가보고 싶어지면 그걸로 충분하다는 그의 응원은, 처음 생각과 달리 5년을 훌쩍 넘긴 연재의 동력이자 기준이었다. 조경 저널리즘과 비평 문화를 가꿔보고자 의기투합해 이십 년 넘는 시간을 함께해온 친구, 〈환경과조경〉의 남기준 편집장에게 감사드린다. 출간을 제안하고 책의 흐름을 잡아준 김영사의 이승환 편집자, 책의 미려한 구성과 완성도 있는 내용을 위해 추진력과 섬세함을 총동원해 '달리며' 애써준 임솜이 편집자에게도 감사의 인사를 빼놓을 수 없다. 한 명씩 이름 부르며 감사하기에는 도시를 걷고 공원을 읽는 길에 함께 나섰던 동학과 친구가 너무나 많다. 앞으로도, 함께, 걷고 읽는 즐거움을 누리자고 청하며 고마운 마음을 전한다.

2023년 11월
누구나 좋은 공원을 누릴 권리를 생각하며
배정한

차례

2부 ✳ 모두를 환대하는 공원

3부 ❈ 도시를 만드는 공원

4부 ✳ 도시에서 길을 잃다

1부

나의 공원을 찾아서

당신의 공원은 어디입니까

¶ 시애틀 가스워크 공원

당신의 공원은 어디입니까. 어느 여름, 이 주제의 원고 청탁을 받고 숨이 턱 막혔다. 조경과 도시를 공부하고 가르치며 쓴 글과 책의 소재 대부분이 공원이고 크고 작은 공원의 계획과 설계에도 참여해왔지만, 막상 나의 공원이 어디인지 선뜻 답하기가 어려웠다. 결국 '나의 공원은 없습니다'라는 제목의 글을 보내고 말았다. 지금 생각해보면 그 제목은 나만의 공원을 발견하고 나의 신체로 공원과 교감하고 싶은 열망의 다른 표현이었던 것 같다.

몇 년 전 연구년 때 미국 시애틀에서 네 계절을 보내며 나는 비로소 머리가 아닌 몸의 감각으로 공원을 만나게 됐다. 모처럼 맞은 충전의 시간을 보낼 도시로 시애틀을 떠올린 건 멕 라이언의 〈시애틀의 잠 못 이루는 밤〉과 탕웨이의 〈만추〉에서 본 낭만적인 도시 분위기와 몽환적인 풍경 때문이기도 했지만, 그곳이 아이피에이IPA 열풍을 선도하는 수제 맥주의 대표 도시라는 이유도 있었다. 하지만 시애틀행을 결심하게 한 가장 큰 동기는 가스워크 공원Gas Works Park의 존재였다.

조경가 리처드 하그Richard Haag가 설계한 가스워크 공원은 시애틀 유니언 호숫가의 석유 정제 공장 건물과 터를 되살려 만든 공원으로, 요즘 유행하는 산업시설 재생 공원post-industrial park의 원조다. 나는 대안적 환경미학을 다룬 논문에서 참여의 미적 경험을 예증하는 장소로 이 공원을 다룬 적이 있다. "가스워크 공원은 천혜의 환경 조건과 폐허가 된 공장의 자취를 결합시켜 부지의 역사를 가감 없이 노출함으로써 순결한 자연에 대한 환상과 인간 중심적 문화에 대한 신화 모두를 극복한다." 무려 이런 말까지 쏟아냈다. 문제는 직접 경험해보지 않고 이런 평가를 했다는 점. 고백하자면 나는 늘 가스워크 공원에 빚진 느낌을 떨칠 수 없었다.

낯선 도시에 짐을 푼 다음 날, 떨리는 마음을 쓸어내리며 가스워크 공원으로 향했다. 섬세한 경사각으로 설계된 동선을 따라 산책하며 맞은 겨울비에 오래된 부채감이 씻겨 내려갔다. 공원 안에 남긴 공장 건물의 의미 따위는 중요하지 않았다. 참여의 환경미학이라는 이론적 해석도 필요 없었다. 사람이 아닌 장소에도 첫눈에 반할 수 있다니. 그것도 평범한 공원에 말이다. 시애틀의 겨울은 거의 매일 비가 내리는 우기이지만, 공원에 두 번째 간 날은 청명한 하늘이 나를 반겼다. 연날리기 명소로 이름난 언덕 정상에 몸을 맡기고 누웠다. 공간에 마음을 내려놓는 첫 경험. 곧 짙은 노을이 나의 몸으로 달려들었다. 높고 푸른 하늘은 보라에서 진홍을 거쳐 다시 주황으로 변신을 거듭했다.

사흘이 멀다 하고 가스워크 공원과 만났다. 어느 날은 공원을 한 바퀴 산책하며 하루를 시작했고 또어느 날은 해넘이 공연이 펼쳐지는 공원에서 일과를 마쳤다. 공원에 마음을 열자 잠시 거쳐갈 이방의 도시가 점점 친숙해졌다. 부드럽게 굴곡진 지형의 공원 언덕에 오르면 유니언 호수를 떠다니는 요트, 호수에 뜨고 내리는 수상 비행기, 〈시애틀의 잠 못 이루는 밤〉에 나오는 수상 가옥들, 도시의 역동적 스카이라인이 한눈에 들어온다. 나는 가스워크 공원에서 한가한 해찰과 '공원멍'을 즐기는 시애틀 시민 중 한 명이 되어갔다. 공원 외곽 후미진 곳에 깊이 밴 역한 마리화나 냄새에도 점차 익숙해졌다. 쓸모없는 시간을 허락하는 공간은 소용과 효용의 강박에서 벗어나 아무것도 하지 않아도 되는 쾌감과 신체의 모든 감각이 동시에 작동하는 공감각적 경험을 선사했다.

가스워크 공원의 절친이 된 뒤로 친한 공원의 범위가 점점 더 넓어졌다. 공원 설계의 선구자 프레더릭 로 옴스테드가 설계한 볼런티어 공원Volunteer Park, 해안 공원인 동시에 하나의 현대미술 작품이자 도시 구조 개선의 매개체이기도 한 시애틀 올림픽 조각공원Seattle Olympic Sculpture Park 같은 유명한 공원뿐 아니라 크고 작은 동네 공원들도 한 곳씩 순례하기 시작한 것이다. 지도 앱에 저장해놓은 기록을 다시 보니 1년간 시애틀 인근에서 가본 공원이 쉰 곳을 넘는다. 영화에서나 가능한 줄 알았던 공원 벤치에 앉아 브런치 먹기, 책 읽기, 음악 듣기 같은 사치를 처음 누려봤다. 급할 때는 서울의 프로젝트, 논문 교정, 잡지 편집회의도 공원에서 온라인으로 해결했다.

이렇게 나는 낯선 도시의 낯선 공원들에서 공원에 마음을 열기 시작했고, 그때부터 나의 일상 속으로 공원이 들어왔다. 서울로 돌아온 뒤에도 공원을 걷고 공원에 앉는 시간이 늘었다. 같은 공원들이 달리 보였다. 당신의 공원은 어디입니까. 다시 이 질문을 받는다면 이제 자신 있게 답할 수 있을 것 같다.

시애틀 가스워크 공원.
낯선 도시의 낯선 공원에 마음을 열자
나의 일상 속으로 공원이 들어왔다.

공원은 도시의 괄호다

¶ 선유도공원

여름과 가을의 팽팽한 줄다리기가 시작된 이 도시는 연일 난리 법석이다. 에포케!* 견디기 힘든 소란으로부터 잠시 몸을 숨기고 일상의 판단을 멈출 수 있는 곳이 어디 없을까. 아무리 둘러봐도 내게 허락된 나만의 아지트는 없다. 늦여름 오후 세 시, 내리쬐는 뙤약볕을 감수하고 공원행을 결심했다. "공원은 분주한 일상에서 괄호와 같은 존재다"라는 작가 폴 드라이버의 나른한 표현을 떠올리며.

한강 한가운데 덩그러니 놓인 선유도공원을 택했다. 겸재 정선이 즐겨 그린 선유봉, '신선仙이 노니는逰 봉우리峯'라는 이름처럼 빼어난 절경과 넉넉한 풍

*　　　에포케epoche는 고대 그리스 철학에서 비롯한, '판단 중지'라는 의미의 말이다.

류를 자랑하던 곳. 을축년(1925년) 대홍수 후 한강변에 제방을 쌓느라 암석을 채취하면서 단아한 봉우리가 깎여나가기 시작했다. 양화대교 건설과 한강 개발 사업은 끝내 산을 섬으로 바꾸어놓았고, 새로 태어난 흉물의 섬은 한강에 버려졌다. 1970년대 말부터 20여 년 동안 정수장이 가동되면서 이 섬은 있는지도 모르는 곳, 미지의 땅이 되고 말았다. 사회지리학자 앨러스테어 보네트가 《장소의 재발견》(책읽는수요일, 2015)에서 찾아 나선 "지도 바깥에 있는off the map" 장소의 단적인 사례다.

"도시란 자연을 도려내는 장소인 동시에, 뒤늦게야 자연을 애도하는 장소이기도 하다." 보네트의 말처럼, 선유도는 2002년 한강 최초의 섬 공원이자 국내 최초의 산업시설 재활용 공원이라는 명성을 얻으며 다시 지도 안으로 성큼 들어왔다. 절경의 봉우리에서 버려진 섬으로, 숨겨진 물 공장의 폐허에서 숭고의 미감을 발산하는 공원으로 변신을 거듭한 선유도를 산책하며 이제 우리는 한강의 시간을, 서울의 기억을 넘나들 수 있다.

여느 때처럼 한 그루 키 큰 고목이 나를 반긴다. 높이 9미터 콘크리트 옹벽 아래 둔치에서 목재 덱을 관통하며 뻗어 올라온 나무는 이 땅에 쌓인 시간의 지층이 얼마나 두꺼운지 쓸쓸히 고백한다. 선유도공원에서는 다음 발걸음을 어디로 옮겨야 할지 판단하기 쉽지 않다. 영화로 치자면 몽타주 기법이라고 할 법한 이 동선 체계의 생경함은 여러 갈래의 길이 여러 층의 공간과 뒤섞이면서 올라가고 내려가는 두터운 시간 경험에서 비롯한다. 그 두께를 더 두껍게 하는 것은 경험자의 몫이다.

이미 성년에 접어들었지만 선유도공원의 풍경은 여전히 낯설다. 아니, 자유롭다. 풍성한 수목, 푸른 잔디 카펫, 곡선형 호수의 조합이라는 표준 식단을 강박적으로 폭식해 만성 소화불량에 걸린 전형적인 공원들과 다르기 때문이다. 선유도공원의 자유로운 감흥은 사진으로는 잘 포착되지 않는다. 그것은 시각이라는 단일한 지각 경로를 넘어서는 공감각적 경험을 가능케 한다. 한눈에 잡히지 않는 풍경 속의 나무 한 그루, 그늘 한 뼘, 벤치 하나에는 이미 어느 유년과 청년과 노년의 내밀한 기억들이 오롯이 새겨졌다. 낡은 것은 낡은 채로, 새것은 새것대로.

늦여름 한낮의 공원은 텅 빈 여백의 진수였다. 아무도 없었다. 나는 아무것도 하지 않았다. 그저 공원 전체를 홀로 전세 낸 기분을 즐기며 마음껏 어슬렁거렸다. 한숨에 다가오는 서울의 풍경과 냄새, 뜨거워진 살갗에 와 닿는 서걱한 강바람, 울퉁불퉁한 시멘트 기둥의 생살과 지워지지 않는 물 얼룩의 물성에 포개진 녹색 생명의 힘, 허물어진 콘크리트 잔해와 새로운 철재가 동거하며 빚어내는 생경한 미감을 오롯이 느꼈다. 땀 흘리는 움직임보다는 사색의 발걸음을 이끄는 산책로를 제멋대로 걷다가 줄지어 선 미루나무 아래 좁은 그늘에 몸을 숨겼다. 바삭한 바람에 취해 한참을 멍하게 보냈다. 실용과 유용과 효용이 지배하는 이 도시를 잠시 괄호 안에 가뒀다.

선유도공원은 한강의 시간을 넘나든다.
낡은 것은 낡은 채로, 새것은 새것대로.

시간의 역류를 꿈꾸는 땅

¶ 난지도, 하늘공원

꽉 짜인 서울의 일상 속에 우연한 여백의 시간이 찾아든다면, 한강을 따라 서울을 동서로 가로지르다 갑작스레 탈주의 충동을 느낀다면, 하늘공원을 권하고 싶다. 쓰레기 산 난지도 정상에 만든 하늘공원은 전통적인 공원과 전혀 다르다. 키 큰 나무로 우거진 낭만의 언덕, 그림 같은 녹색의 잔디 카펫, 거울처럼 평온한 호수가 조합된 전형적인 공원 풍경이 이곳엔 없다. 하늘공원은 척박한 땅에서 어떻게 다시 자연의 생명력이 부활하는지 온몸으로 깨닫게 해주는 숭고한 경관이다. 광활하게 펼쳐진 초지에 하늘이 직접 맞닿아 있다. 서울에서 산이나 건물이 시야에 걸리지 않고 하늘만의 경관을 온전히 경험할 수 있는 유일한 장소다. 이곳에서는 일상의 번잡함을 잠재우는 아름다운 노을을 만날 수 있다. 억새와 띠의 거친 물성이 빚어내는 생소한 질감은 잠자고 있던 우리의 촉각을 일깨운다. 바람에 흔들리는 억새풀은 소리의 풍경을 선물한다. 사방에서 불어오는 바람은 한강의 냄새를 실어나른다. 서울 같은 거대 도시에서 경험하기 힘든, 시각과 청각, 후각, 촉각이 한데 뒤섞인 공감각적 경관이다.

요즘 세대는 하늘공원 자리의 옛 지명인 난지도를 들어본 적이 없다. 적어도 40대 이상이라야 난지도를 쓰레기 산으로 어렴풋이 기억할 것이다. 난지도는 1978년부터 15년간 서울의 온갖 오물과 폐기물을 받아내던 쓰레기 매립지였다. 그 시절, 피부색이 유달리 까무잡잡한 아이는 어김없이 '난지도'라는 별명으로 불렸다. 친구들은 아마 연탄재로 가득한 난지도가 어디 있는지 잘 몰랐을 테지만, 난지도가 서울에서 가장 시커먼 동네라는 건 분명히 알고 있었을 것이다.

하지만 난지도는 본래 도시의 탐욕이나 배설과는 관계가 없는 아름다운 섬이었다. 난지蘭芝는 난초와 지초를 합한 말로, '난'과 '지'는 모두 은근한 향기를 지닌 꽃이다. 철 따라 온갖 꽃이 만발해 '꽃섬'이라 불리기도 했다. 김정호의 고지도에는 꽃이 피어 있는 섬이라는 뜻의 '중초도中草島'라 적혀 있다. 이중환의《택리지》는 난지도를 강을 타고 굽이굽이 바닷물이 거슬러오는 길목에 굵고 단단한 모래로 다져진 살기 좋은

터로 꼽고 있다.

　　난지도의 장소성을 뒤흔든 계기는 20세기 최악의 물난리로 기록된 을축년(1925년) 대홍수였다. 남대문까지 한강 물이 범람한 이 홍수로 난지도는 침수되었고 한강의 지형이 재편된다. 난지도가 다시 조금씩 꽃섬의 장소성을 회복하기 시작한 것은 1950년대가 넘어서였다. 신문 기사를 검색해보면 1970년대까지도 이 섬이 학생들의 소풍 장소, 청춘남녀의 데이트 코스, 멜로 영화의 배경으로 즐겨 쓰였음을 어렵지 않게 확인할 수 있다.

　　하지만 해마다 반복되는 침수로 난지도 주민들은 재해와 가난에서 벗어날 수 없었다. 1977년, 마침내 서울시는 제방을 쌓기에 이른다. 난지도 제방에 동원된 흙과 돌은 남산3호터널을 뚫으며 나온 부산물이었다. 제방 안쪽은 곧 쓰레기 매립장으로 결정됐고, 그 후 15년 동안 난지도에는 도시의 오물이 쌓여갔다. 맑은 물, 향기 나는 꽃, 아름다운 새로 가득했던 이상적 삶의 터전 난지蘭芝가 도시화의 배설물을 받아내는 난지亂地로 뒤바뀌어 지난至難한 삶의 공간으로 전락했다는 해석도 가능할 테다.

　　불과 15년 만에 난지도에는 높이 100미터, 둘레 2킬로미터의 거대한 쓰레기 산 두 개가 생겨났다. 매일 트럭 3000대 분량의 생활 쓰레기, 건설 폐자

재, 산업 폐기물, 하수 슬러지가 쌓이고 묻혔다. 무려 9200만 톤이었다. 소설 《난지도》(정음사, 1990)에서 정연희는 그 절망감을 이렇게 표현한다. "쓰레기 산 위로 쏟아져 내리는 불볕은 저주였다. 그것은 앙심이 되었다. 쓰레기 더미는 죽음의 산이다. 인간의 삶에서 부스러기가 되어 나온 주검들의 산이다. 그 산에는 살아 있는 것이 아무것도 없다. 맹렬하게 살아 있는 것이 있다면 썩어가는 일과 썩어가는 냄새뿐이다. 그것만이 죽음도 정지가 아니라는 것을 증명한다."

매립지에도 수명이 있다. 영원히 쓰레기를 쌓을 수는 없다. 1993년, 난지도 매립장은 썩은 쓰레기의 침출수, 악취, 유해 가스 등 포화 상태의 오염원을 남긴 채 폐쇄됐다. 버려진 이 지난의 땅을 되살리는 복잡한 공정의 프로젝트가 뒤를 이었다. 침출수가 새지 않도록 콘크리트 벽을 세우고 오염된 물을 정화하고 매립지 상부를 복토하고 유해 가스를 처리하며 사면을 안정화하는 복잡한 공정이 진행되었다. 1990년대 말부터 쓰레기 산은 친환경 공원으로 탈바꿈하기 시작했다. 난지도의 또 다른 변신 프로젝트에 공원이라는 도시 재생의 촉매제가 수혈된 것이다.

월드컵경기장과 강변북로 사이의 평지에는 2002년 월드컵을 기념하는 '평화의 공원'이 조성되었다. 난지도 북단을 감돌며 한강으로 흐르는 난지천은

하늘공원. 척박한 땅에서 부활한
자연의 생명력을 감각하게 하는
숭고한 경관.

물고기와 새가 다시 찾아드는 맑은 '난지천공원'으로 되살아났다. 난지도와 한강이 만나는 둔치에는 강변의 정취가 가득한 '난지한강공원'이 들어섰다. 거대한 두 덩이의 쓰레기 산은 각각 '노을공원'과 '하늘공원'으로 옷을 갈아입었다. 주변 상암동 일대는 최첨단 디지털 미디어 산업을 중심으로 한 서울 서북부의 부도심으로 변신했다. 그리고 난지도라는 이름의 쓰레기 산은 우리의 기억으로부터 잊혀갔다.

난지도 중에서도 가장 토양이 척박한 제2매립지 정상의 19만 제곱미터 평지에 들어선 하늘공원은 쓰레기 매립지 공원화의 성공적 선례인 빅스비 공원 Byxbee Park을 모델 삼아 설계되었고, 아무것도 없는, 그저 너른 하늘 아래 광활한 초지와 온몸을 휘감는 바람만 가득한 공원으로 새 모습을 드러냈다. 흠뻑 땀 흘리며 290여 계단을 올라 하늘공원에 들어서면 광활한 수평 경관이 펼쳐진다. 그 어느 도시에서도 만날 수 없는, 광대한 면적의 하늘이 한눈에 들어온다. 이 비일상적인 장소에서 우리는 일상의 피로와 고단을 위로받으며 걷는다. 때로는 인파를 마다 않고 축제를 즐기며 억새꽃 은빛 솜털을 배경으로 인생샷을 찍지만, 또 때로는 파도치는 억새 군락의 밀실에 몸을 숨기며 안식을 꿈꾼다. 하늘공원의 절정은 아름다운 노을이지만, 호젓하게 해돋이를 맞는 부지런한 발걸음도 적지 않다.

　　하늘공원의 힘이 경이로운 시각적 풍광에만 있는 것은 아니다. 띠, 억새, 메밀, 해바라기, 코스모스, 핑크뮬리로 장관을 이룬 초지에 나비와 잠자리가 날아왔고 고라니와 족제비도 서식한다. 부활한 자연 위에서 우리는 난지도의 시간을 되돌아보고 애도한다. 우리의 산책과 사색을 환대하는 평화로운 초록의 지층 아래에는 침출수를 차단하는 길이 6킬로미터 콘크리트 장벽이 둘러쳐져 있다. 인류세의 경관, 하늘공원 밑에서는 아직 욕망과 배설의 찌꺼기가 부글부글 끓고 있다.

　　시간의 급류 속에서 기억으로부터 멀어진 땅 난지도는 그 이름을 잃었지만, 우리는 이 땅에 묻힌 두꺼운 시간의 지층을 기억한다. 시간의 역류를 꿈꾸는 반역을 모의한다. 하늘공원은 난지도에서 피어나고 있는 새로운 희망의 상징이다.

자발적 표류를 반기는 섬

¶ 노들섬

미지의 땅 노들섬이 우리 곁으로 돌아왔다. 원래는 섬이 아니었다. 1915년과 1921년 지도를 보면 현재 노들섬 위치에 해당하는 곳이 육지다. 용산 아래쪽 강기슭의 넓은 모래밭. 이곳에는 신초리라는 마을이 있었다. 한강 근처 마을들은 홍수 피해를 줄이기 위해 대개 주변보다 높은 곳에 자리를 틀었는데, 신초리 역시 봉긋한 둔덕 위에 있었다고 한다. 이 강변 마을의 운명을 바꾼 건 한강인도교 건설이었다.

1900년에 세운 한강 최초의 다리는 기차 전용 한강철교였다. 걸어서 강을 건너는 다리가 처음 건설된 건 1917년이었다. 강 북단 용산 이촌동과 남단 노량진을 잇는 이 다리는 한강인도교라고 불렸는데, 신초리 언덕에 흙을 돋우고 석축을 쌓아 올려 다리를 떠받치게 했다. 백사장 위에 섬처럼 솟은 땅이 생겼고,

이때부터 이 일대는 강 가운데 있는 섬이라는 뜻의 '중지도'로 불리며 육지가 아닌 섬으로 여겨졌다.

1925년 을축년 대홍수로 인도교 북측 제방이 유실되면서 중지도와 용산 사이의 인도교가 파괴됐고, 1929년에 현재의 교량이 신설됐다. 1935년에는 중지도까지 전차 궤도가 깔려 전차역이 생겼고, 이듬해에는 중지도와 노량진 사이에 아치 형태의 새 교량이 건설됐다. 신초리의 존재는 이 무렵 지도에서 사라졌고 사람들의 기억에서도 곧 증발했다. 1950년 6월 28일, 한국전쟁 나흘째 날, 북한군 진로를 차단하기 위해 아무런 예고도 없이 한강인도교가 폭파됐다. 1954년에야 다리 복구 공사가 시작되면서 제1한강교의 역사가 시작됐다. 8차선 교량으로 확장된 건 1981년이고, 1984년에 한강대교로 이름이 바뀌었다.

노들섬 일대가 한강대교에 매달린 섬으로 완전히 고립되었던 건 아니었다. 1956년 5월 대통령 선거 유세에 30만 군중이 몰려들었는데, 그 장소가 노들섬과 이촌동 일대 '한강 백사장'이었다. 갈수기의 드넓은 모래밭이 광장 역할까지 했던 셈이다. 한강 백사장은 1960년대 서울 지도에도 넓게 남아 있다. 여가를 보낼 공원이나 공공 공간이 거의 없었던 시절, 한강과 백사장은 여름에는 피서지, 겨울에는 스케이트장으로 쓰였다. 노들섬 동쪽 백사장은 강수욕을 즐기며 폭

소란한 도시의 일상에서 탈주한
'자발적 표류자'를 반긴다.

염을 피하는 서울의 대표 휴양지이자 절경을 자랑하는 명소였다.

한강개발 3개년계획(1968~1970)이 노들섬을 고립된 섬으로 바꿔놓았다. 이 계획의 핵심은 홍수 피해 방지와 교통난 완화를 위해 강 북단 이촌동 연안을 따라 제방 도로(현재의 강변북로)를 구축하는 것이었다. 모래를 퍼 날라 제방 도로를 쌓으면서 한강 백사장은 완전히 사라졌고 그 자리로 강물이 흘러 들어갔다. 마침내 노들섬은 강물에 둘러싸여 고립되고 유기됐다. 지도 바깥으로 추방된 것이다.

강 한가운데 버려진 섬에는 도시의 욕망이 주기적으로 들끓었다. 유원지와 관광지 개발 사업이 여러 차례 계획되고 번번이 취소됐다. 1970년대 초 노들섬 매립공사를 맡은 한 기업은 1만 평이 되지 않는 섬을 4만 5000평으로 넓힌 뒤 정부로부터 넘겨받았다. 섬 둘레로 시멘트 둔치가 생긴 게 이때다. 기업의 사유지가 된 노들섬은 공공 공간의 기능을 상실했다. 수영장과 선착장을 갖춘 종합 유원지 개발, 호텔과 리조트를 포함한 대규모 개발 사업이 구상됐지만 실현되지 않았다. 그러는 사이 노들섬은 시민들의 기억에서 점차 잊혀갔다. 인공의 구조물이 야생의 식물로 뒤덮인 폐허로, 즉 미지의 땅으로 변모한 것이다.

21세기의 길목에 들어서며 미지의 땅이 재조

명되었다. 1995년, 일제강점기에 붙여진 이름 중지도가 노들섬으로 바뀌었다. '노들'은 '백로鷺가 노닐던 징검돌梁'이라는 뜻으로, 지금의 노량진 근처를 일컫는 이름에서 따왔다. 2005년, 이명박 시장의 서울시는 274억 원에 노들섬을 사들여 오페라하우스를 짓고자 했다. 두 단계에 걸친 설계공모를 통해 건축가 장 누벨의 설계안이 선정됐으나 설계비 문제로 사업이 원점으로 돌아갔다. 2009년에는 오세훈 시장이 '한강르네상스' 프로젝트의 하나로 공연예술센터와 한강예술섬 사업을 펼쳤지만, 2011년 박원순 시장 체제에서 모든 사업이 보류되거나 취소되고 도시 농업을 위한 텃밭이 운영되기에 이른다.

 2012년, 노들섬의 지난한 운명은 새로운 활로를 찾는다. 섬의 지혜로운 활용을 위해 사회적 공감대를 모으는 시민 포럼, 아이디어 공모, 학생 디자인 캠프, 전문가 워크숍 등 다양한 노력이 펼쳐졌다. 2015년에는 관행적인 설계공모 방식과 다른 공모 과정을 통해 새 사업이 본격화되었다. 시설을 먼저 계획하고 콘텐츠를 나중에 집어넣는 방식이 아니라, 콘텐츠와 운영 프로그램을 우선 기획하고 그것에 맞는 시설과 공간을 설계하는 3단계 공모가 진행된 것이다. '대중음악을 중심으로 한 예술 창작 기지'라는 운영자 (어반트랜스포머)의 구상을 담아낼 공간 설계자(MMK+)

가 선정됐다. 법, 제도, 실행이 충돌하는 난관 끝에 2019년 9월 말 새 노들섬의 문이 열렸다. 폐허의 섬으로 버려져 미지의 땅으로 잊힌 지 거의 반세기 만에 노들섬이 돌아온 것이다.

개장 소식을 다룬 지면들을 훑어보다 김정빈 운영총감독(서울시립대 도시공학과 교수)의 인터뷰 기사 한 구절에 시선이 멈췄다. "단 하루의 자발적 표류. 일상을 벗어나 문득 표류하듯이 찾아와 예기치 않은 즐거움을 발견하는 곳, 그곳이 노들섬입니다." 표류, 마다할 이유가 없다. 연구실 문을 박차고 나왔다. 한강대교를 지나는 버스는 다리 위 정류장에 자발적 표류자를 내려준다. 한강대교와 똑같은 레벨로 설계된 새 노들섬의 상층 광장은 평일 오후의 나른한 여백으로 충만했다. 공연 준비에 부산한 공연장 건물을 스치듯 둘러보고, 검박한 건물 곳곳에 들어선 독립서점과 가드닝숍, 라이프스타일 가게들을 어슬렁거리다 강이 내려다보이는 카페에 앉아 생맥주를 시켰다.

낮술에 나른해진 몸을 느릿느릿 움직여 넓은 잔디마당을 산책했다. 어느덧 익숙해진 서늘한 강바람을 친구 삼아 섬 하단 시멘트 둔치를 한 바퀴 돌았다. 갈라진 시멘트 틈새로 야생의 풀들이 삐져나온 이 길은 반세기 가까이 유기된 노들섬의 옛 시간이다. 버드나무 사이로 해넘이가 시작됐다. 그러나 만추의 노을은 마냥 게으르다. 한강철교 너머, 여의도의 스카이라인 뒤로 펼쳐진 높고 푸른 하늘이 보라에서 진홍을 거쳐 다시 주황으로 변신을 거듭한다. 북적이는 도시 서울에도 이렇게 넉넉한 풍경이 있었다. 소란한 도시의 일상에 지친 어느 표류자에게 노들섬은 도시의 아름다움을 누릴 권리를 질문하게 했다.

한강르네상스 시즌 2, '그레이트 한강 프로젝트'의 화려한 아이템이 연이어 발표되고 있다. 여의도 공원에 제2세종문화회관을 짓고 하늘공원 위에는 대관람차 '서울링'을 세운다고 한다. 노들섬도 다시 옷을 갈아입는다. 2023년 4월, 서울시는 '노들 글로벌 예술섬 디자인 공모'에 제출한 국내외 유명 건축가 일곱 팀의 구상안을 공개했다. 지난 20년간 이 작은 섬에 참 많은 아이디어와 디자인이 쏟아졌다. 피로감 때문일까, 기시감 때문일까. 이번 출품작들에 담긴 극장과 공연장, 폭포와 수영장, 관람차, 보행교, 공중수로에 좀처럼 눈이 가지 않는다. 매력적인 풍경과 경쟁력 있는 입지를 갖춘 땅의 숙명일까. 노들섬이 다시 들썩이고 있다. 고단한 도시의 일상에서 탈주한 '자발적 표류자'를 반겨주던 노들섬, 그 한가로운 여백이 벌써 그리워진다.

가을 엔딩

¶ 양화한강공원

넷플릭스 시리즈 〈오징어 게임〉이 세계 전역에서 흥행에 성공하면서 그 촬영 장소들도 관심을 끌었다. 무참한 사살이 벌어진 첫 번째 게임 '무궁화 꽃이 피었습니다'가 끝나고 모래 운동장의 천장이 닫히면서 정체를 드러내는 C자형 미지의 섬은 인천 옹진군의 선갑도다. 구글 지도를 검색해보면 선갑도에 이미 '오징어 게임섬'이라는 별명이 달렸다. 1화 첫 장면에서 어린 시절의 성기훈(이정재 분)과 조상우(박해수 분)가 친구들과 오징어 게임을 하는 흑백 장면의 촬영지는 인천 교동초등학교인데, 이곳 역시 성지순례지의 하나로 등극했다.

악역 장덕수(허성태 분)가 조직원과 접선한 월미도의 마이랜드는 개장 이래 가장 많은 관광객으로 붐볐다고 한다. 상우 어머니가 생선가게를 한 쌍문동 백

운시장이 지역 명소로 떠올랐고, 기훈과 오일남(오영수 분)이 생라면에 깡소주를 마신 CU 쌍문우이천점 야외 의자에서 인증 사진을 찍으려면 긴 대기 줄을 감내해야 했다. 기훈이 머리를 빨갛게 염색한 상계동 주택가 민지미용실 골목도 북적거리고, 심지어 신분당선 양재시민의숲역에 가면 기훈과 공유처럼 딱지치기 하는 사람들을 적잖이 만날 수 있었다고 한다.

전공이 전공인지라 나는 영화나 드라마를 보더라도 스토리보다 배경 장소에 몰입하는 편인데, 마지막 9화 '운수 좋은 날'에 나의 최애 공원 중 하나가 등장하는 걸 발견하고야 말았다. 참혹한 서바이벌 게임 최후의 승자가 되어 456억을 받은 뒤 넋이 나간 채 1년간 상금을 전혀 쓰지 않고 폐인처럼 살아가던 기훈이 덥수룩한 모습으로 어느 강가 돌무더기에 주저앉아 병째 소주를 들이붓는 장면. 멀리서 흔들리는 도시의 불빛과 극명하게 대조되는 어둡고 거친 그 강변, 양화한강공원이다.

삼단 시멘트 테라스로 구성된 다른 한강변 둔치 공원들과 달리, 양화한강공원은 넉넉한 초지와 빽빽한 숲으로 풍성하다. 사람이 많지 않아 한적하다 못해 고즈넉하다. 〈오징어 게임〉의 기훈처럼 찰랑대는 강물 바로 앞까지 내려가 하염없이 '물멍'을 즐길 수도 있다. 그런데 얼핏 보면 원래 그 자리에 있던 자연

완만한 지형과 예리한 동선에
풍성한 수목이 병치된 풍경.

수위가 올라가면 호안 형태가 변하고
물과 뭍의 경계가 사라진다.

© 오피스박김

을 그대로 둔 것 같은 이 공원은 실은 한강의 수문학적 특수성을 면밀하게 살린 실험적 조경 설계와 엔지니어링의 산물이다. 국내에서는 많이 알려지지 않았지만 국제적으로는 널리 조명된 한국 현대 조경의 대표작 중 하나다.

양화한강공원을 설계한 조경가 박윤진과 김정윤(오피스박김 공동대표)이 주목한 건 한강의 뻘이다. 여름에 범람할 때마다 둔치에 쌓이는 엄청난 양의 뻘이 원활하게 들고 날 수 있도록 제방형 둔치를 해체하고 지형을 다시 디자인했다. 지형으로 뻘을 다루고 뻘을 이용해 새로운 식물 생태계가 자리잡도록 했다. 수위가 올라가면 호안 형태가 변하고 물과 뭍의 경계가 사라진다. 급사면을 벌려 고수부에서 강가로 완만하게 이어지게 만든 여러 개의 아름다운 경사면 덕분에, 공원 어디서나 한강 풍경이 한눈에 들어오고 계단과 급경사 없이 물가로 내려갈 수 있다.

몇 년 만에 양화한강공원을 다시 찾았다. 완만한 지형과 예리한 동선에 풍성한 수목이 병치된 풍경 속을 걷는 산책자들, 거친 사석 호안에 발 딛고 가을 강바람 맞으며 낚싯대를 드리운 중년의 사내들, 버드나무 숲 넓은 그늘에 마주보고 누운 연인, 삐죽한 미루나무 곁 간이 의자에 몸을 맡긴 모녀. 가장 부러운 이는 헬멧도 벗지 않은 채 잔디 사면에 대자로 누워 낮잠을 즐기는 어느 자전거족이다.

　　성기훈처럼 흐르는 강물을 바라보며 소주를 마시는 건 지나치게 진부하지 않은가. 공원 매점에서 오징어땅콩 한 봉지를 집어 들고 물가에 앉았다. 같은 장소에 앉아 같은 강물에 취한다고 갑자기 이정재처럼 잘생겨지거나 456억이 생길 리 없지만, 겨울을 나기 위해 마음속 깊이 가을을 저장하기에는 충분했다.

나의 작은 옥상에서

평범한 도시 남성의 옥상 경험은 세 가지 정도로 압축된다. 공통분모가 가장 큰 옥상의 추억은 흡연일 것 같다. 추억보다는 현재진행형의 용도라 말해야 정확할지도 모르겠다. 제아무리 리처드 클라인의 책 제목을 인용해가며 '담배는 숭고하다' 외친들, 담배는 이미 공공의 적이다. 성인 남성의 흡연율은 30퍼센트를 훌쩍 넘지만 도시의 거의 모든 장소에 빨간색 금연 딱지가 붙어 있다. 옥상은 그나마 융통이 묵인되는, 일천만 흡연인의 해방구다.

옥상의 두 번째 추억에는 으레 주먹이 등장한다. 옥상으로 올라와. 이 짧은 명령문 하나면 긴 설명이 필요 없다. 옥상은 선배의 군기 앞에 무릎 꿇는 복종의 공간이(었)고, 학교 폭력의 전시장이(었으)며, 갖가지 명분의 결투가 벌어지는 전장이(었)다. 청소년기에 옥상에서 겪은 사건들을 추억의 이름으로 포장할 배포가 없다면, 그곳은 긴 시간이 흘러도 아물지 않는 상처의 공간이다.

세 번째 추억은 현실과 로망의 경계선상에 있다. 많은 이에게 옥상은 아련한 기억 저편의 사랑을 소환시키는 가슴 먹먹한 장소다. 뭇 남자들이 다 자기 이야기라고 우겼다는 히트작 〈건축학개론〉. 대학 새내기 서지(수지 분)과 승민(이제훈 분)의 어설픈 두 번째 데이트 장소는 개포동의 어느 아파트 옥상이다. 두 사람이 이어폰 한쪽씩 나눠 끼고 듣는 전람회의 〈기억의 습작〉은 신체의 모든 감각을 무장 해제시킨다. 옥상은 이렇게 감성마저 마비시키는, 아름다운 기억의 장소다.

그런데 요즘 옥상은 이 정도 수준이 아니다. 옥상이 동시대 문화와 교차하며 만들어내는 일상의 풍경이 정말 다채로워지고 있다. 옥상에서 화분을 가꾸거나 상추를 기르며 짧게나마 노동의 희열을 맛보는 건 이미 고전이 됐다. 더 진취적인 사람들은 블루베리 농사도 짓는다. 옥상을 녹화하거나 옥상을 이용해 빗물을 모아 기후변화에 대처한다는 거룩한 명분의 사업도 활발하다. 옥상에서 하늘과 별과 바람이 주는 해방감을 즐기며 '저녁이 있는 삶'을 누리는 건 드라마 주인공만이 아니다. 핫한 곳, 힙한 곳 가리지 않고 도

옥상에 앉으면
아름다움을 누릴 권리가
찾아온다.

심 도처의 옥상을 카페와 바가 접수하고 있다. 나의 한 친구는 주중의 격무를 스스로 위로하기 위해 주말용 옥탑방을 얻은 뒤 혼자 밥 먹고 술 마시며 빔 프로젝터로 영화 본다는 자랑질 포스팅을 매주 올린다. 자본주의 도시 공간의 한계에 대한 도전이랄까, 여럿이 옥상을 함께 쓰는 움직임도 고개를 들고 있다. 어정쩡하게 버려져 있던 옥상이 도시의 그 어느 공원보다도 활기찬 멀티 플레이어 역할을 하며 우리의 라이프스타일로 스며들고 있는 것이다. 흉흉한 코로나 시대를 지나며 옥상의 공간적 가치와 역할이 새삼 재발견되기도 했다.

　　운 좋게도, 내 곁에는 일상을 풍요롭게 해주는 옥상이 있다. 연구실에서 네댓 걸음만 내디디면 소박한 옥상 테라스가 나를 환대한다. 여느 옥상처럼 어수선하게 방치되던 곳을 동료 교수가 정갈하게 디자인해 고쳤다. 꼼꼼한 디테일의 목재 덱, 녹슨 내후성강판 식재 박스, 어디선가 날아와 스스로 자란 야생의 풀과 꽃, 단정한 철제 의자와 테이블이 전부지만 그 조합의 시너지가 만만치 않다. 압권은 눈앞으로 달려오는 관악산의 풍광이다. 밑에서 올려다보는 산 풍경도 아니고 산 위에서 내려다보는 풍경도 아니다. 깊고 짙은 산허리를 바로 뚫을 듯 대면할 수 있는 비경이다.

　　옥상에 앉으면 아름다움을 누릴 권리가 찾아온

다. 날이 밝아올 때와 해가 저물 때의 기온 변화를 피부로 감지할 수 있다. 도시의 초록이 봄과 여름과 가을에 어떻게 다른지 배운다. 감각의 연합, 즉 공감각이 이론 속에만 존재하는 개념이 아님을 온몸으로 느낀다. 짜증나는 교수회의의 여파가 가라앉지 않을 때나 '스트레스 유발 야구'가 남긴 피로감이 해소되지 않을 때면 옥상 산책만 한 즉효약이 없다. 바삭한 공기로 눅눅한 생각을 말릴 수 있다.

오늘 오후에는 어느 졸업생이 보낸 엽서를 들고 옥상에 나갔다. "감염병의 소란에 지쳤지만 그러는 사이 지구가 지치지 않고 돌면서 바람이 달라졌고 계절이 소리 없이 걸음을 옮겼어요." 내 키보다 높자란 바늘꽃이 별무리처럼 흩날리고 있었다. 서걱한 바람과 포근한 구름과 예리한 햇살이 옥상에 가을을 채우고 있었다.

눈 오는 지도

눈은 시각은 물론 청각과 촉각, 후각과 미각이 뒤섞인 공감각의 프리즘을 통과해 우리 신체에 도착한다. 멀리서 바라보고 가까이서 냄새 맡고 손으로 건드려보고 그 안에서 뒹굴고 그 고요에 귀 기울여보아야 눈의 정체를 가까스로 이해할 수 있다. 눈은 두 얼굴을 가지고 있다. 어떤 곳의 누군가에게는 불편과 위험을 끼치지만, 다른 곳의 많은 이에게는 기쁨과 즐거움을 준다. 우리가 노력하지 않아도 눈은 우리를 비일상의 세계로 순간 이동시켜준다. 얼마나 환상적인가.

환상의 시간은 때로는 사색을 초대한다. 그래서 눈은 시인의 날씨일 테다. 함박눈 내리는 날이면 윤동주의 시 〈눈 오는 지도〉를 떠올리지 않을 수 없다. "네 쪼그만 발자국을 눈이 자꾸 내려 덮어 따라갈 수도 없다. 눈이 녹으면 남은 발자국 자리마다 꽃이 도시의 모든 경계가 지워졌다.
소란과 소음이 소거되고
침묵의 소리가 살아났다.

피리니 꽃 사이로 발자국을 찾아 나서면 일 년 열두 달 하냥 내 마음에는 눈이 나리리라." 그러나 낭만과 담을 쌓고 지내는 데다 매사에 허술한 나는, 눈만 만나면 문제에 맞닥뜨려 허둥대곤 한다. 그날도 어김없었다.

정말 눈이 많이 온 밤이었다. 거센 한파가 덮친 도시를 위해, 하늘은 굵은 눈발로 소리 없이 새 옷을 지었다. 도시의 모든 경계가 지워졌다. 욕망과 좌절을 가르는 선들이 사라졌다. 소란과 소음이 소거되고 침묵의 소리가 살아났다. 높고 낮음, 깨끗함과 더러움, 아름다움과 추함의 구별이 무너졌다. 하지만 이 경이로운 탈경계의 현장에서 나는 그만 고립되고 말았다.

빈틈없는 연구실 커튼 덕분에 네 시간째 폭설이 내리고 있다는 걸 뒤늦게 깨달았다. 한두 줄 더 끄적거리겠다는 미련에 그 뒤로도 한 시간을 더 지체했다. 학교 밖 급경사 언덕에 자동차들이 뒤엉켜 교문조차 빠져나갈 수 없었다. 간신히 차를 돌려 연구실로 퇴각하는 데 두 시간이 흘렀다. 눈 덮인 산을 걸어서 넘어봐야 이미 지하철이 없는 시간이었다. 숨을 고르고 생수와 초콜릿을 챙겨 다시 운전을 감행했지만 언덕 상황은 전혀 나아지지 않았다. 되돌아와 자발적 고립을 택할 수밖에 없었다. 연구실 옆 옥상 정원에 쌓인 눈에 첫 발자국을 찍으며 마음먹었다. 이 김에 1년

치 칼럼을 미리 다 써버리자.

차가운 테이블에 몸을 눕혀 뒤척이다 보니 잊고 지낸 기억이 하나둘 떠올랐다. 2010년이었던가. 새해 첫 출근길, 판교나들목부터 양재나들목까지 세 시간, 말죽거리에서 예술의전당까지 두 시간 곡예를 펼치다 결국 차를 길가에 버리고 탈출했다. 느낌으로는 허벅지까지 눈에 빠졌던 그날, 반나절 만에 서울의 적설량은 25.8센티미터를 기록했다. 1937년 관측 이래 최대였다. 2004년 봄엔 난데없는 폭설이 경부고속도로를 사흘간 마비시킨 적이 있다. 3월 4일부터 6일까지 계속 내린 눈으로 2만여 명이 탄 1만 대 가까운 차량이 고속도로에 갇혔다. 가장 오래 고립된 경우는 37시간이었다. 내가 빠져나오는 데는 다섯 시간이 채 걸리지 않았지만, 헬기에서 눈밭으로 낙하된 빵과 우유의 맛은 아직도 생생하다.

극한 상황에서도 늦잠 버릇은 여전했다. 출근 소리에 복도가 들썩이기 시작한 뒤에야 연구실을 빠져나왔다. 경계가 삭제된 도시에는, 시인의 말처럼 '눈 오는 지도'가 아득히 깔려 있었다. '겨울왕국'으로 변한 동네 공원은 눈싸움 하는 아이들로, 눈사람 만드는 아이들로 모처럼 북적였다. 코로나 바이러스에 움츠러든 아이들이 모두 뛰쳐나왔기 때문일까. 눈사람을 그렇게 많이 본 건 처음이었다. 예전과 달리 눈강

아지와 눈고양이도 있었다. 눈오리들이 특별히 눈에 띄었는데, 방탄소년단이 만들어 트위터에 올린 사진의 영향으로 전국 곳곳에서 눈오리가 태어났다고 한다. 눈사람 구경을 하며 한참 걷다 보니 비릿한 눈 냄새가 올라왔다. 얼마 만에 맡아본 도시의 눈 냄새인가. 자발적 고립의 피로감이 녹아내렸다.

추운 도시를 걸었다

¶ 경의선숲길공원

　소란과 괴담에 지친 코로나 시대의 일상을 잠시 괄호 안에 가두고, 추운 도시를 걸었다. 도시의 바람은 세찼지만 공기는 투명했고 빛은 예리했다. 용산과 마포 일대를 한걸음에 횡단하다니. 타고난 게으름뱅이가 바람구두를 신은 시인 랭보라도 된 양 걸어서 도시를 가로지르다니. 이 예외적 사건은 효창공원 근처에서 가좌역까지 이어지는 긴 선형 공원이 있기에 가능했다. 대로를 따라서는 절대로 걸을 수 없는 거리다.

　서울에서 가장 긴 공원, 경의선숲길공원(동심원 설계)은 6.3킬로미터의 폐철로 부지에 만든 선형 공원이다. 경의선을 지하화하면서 남겨진 쓸모없는 땅이 도시의 활기와 자연의 생기를 동시에 품은 공원으로 변신했다. 한양을 오가던 상인들의 고갯길에 경성과 의주를 잇는 철길이 놓여 한 세기가 쌓였고, 이 오랜 시간의 켜 위에 새로 얹힌 공원이 자유로운 산책과 넉넉한 휴식을 품는다. 경의선숲길에는 '연트럴파크'라는 별명을 얻으며 번잡한 '핫플'로 뜬 연남동 구간만 있는 게 아니다. 나머지 코스 대부분에선 소용과 실용의 임무를 훌훌 털고, 그냥 길이 있기에 걸을 수 있다. 도시가 다르게 보인다.

경의선숲길의 가장 큰 매력은 긴 선형이라는 점이다. 넓은 면으로 구획된 초록과 낭만의 별천지 공원이 아니다. 도시를 잇는, 그것도 도시의 낙후한 뒷면을 매끄럽게 관통하며 잇는, 혈관 같은 선형 공원의 힘. 이곳에서는 도시의 일상과 접속하고 풍경과 대화하면서 소요할 수 있다. 6킬로미터가 넘기 때문에 공원과 도시 조직이 직접 만나는 접선이 양방향에서 12킬로미터 이상이다. 공원은 도시로 확산되고, 도시는 공원으로 수렴된다. 기찻길을 등지고 서 있던 낡은 주변 건물들의 문이 공원 쪽으로 새로 나고 있다. 긴 공원과 직교하는 방향으로 새로운 흐름의 선들이 생겨나면서 공원과 도시가 함께 자라고 있다.

긴 선형이지만 전체 노선을 완주할 이유는 없다. 걷고 쉬다가 언제든 선로를 이탈해도 된다. 어디서든 들어와 어디로든 나갈 수 있다. 입구와 출구가 따로 없고 공원 안팎을 가르는 울타리도 없다. 이곳저곳 산만하게 기웃거리고 옆길로 새도 되는 자유를 허

서울에서 가장 긴 공원인
경의선숲길.
도시와 공원이 함께 자란다.

락한다. 철길을 보존하거나 재현한 바닥 재료 선정이 섬세하고 단정하며, 지그재그형 보행 동선으로 공원 길의 절곡부와 주변 동네 길을 만나게 한 디자인이 뛰어나다. 면 형태의 일반적인 도시공원은 안으로 들어갈수록 번잡한 도시에서 떨어진 별천지 같은 느낌을 선사하지만, 그건 어떤 의미에서는 의도적인 피난이고 인위적인 고립이다. 반면 긴 선형의 경의선숲길은 도시의 욕망과 혼란, 무질서와 나란히 공존한다.

걷다 보면 주변이 계속 달라진다. 서울의 여느 풍경과 다를 바 없는 무표정한 아파트 숲이 줄지어 서 있는가 하면, 기찻길 옆 쓰러져가는 허름한 구옥들을 고친 카페와 와인 바, 옷가게와 떡볶이집이 뒤섞여 있다. 1970년대의 2층 양옥집과 1980년대의 다세대주택, 대학가 하숙집이 뒤엉켜 있다. 철골조 유리 파사드의 오피스 빌딩들과 최근에 지은 대기업의 쇼핑센터도 불쑥 등장한다. 어찌 보면 통일성 없이 산만한 경관이지만 도시인의 삶이 바로 그런 모양이지 않은가. 경의선숲길 주변 풍경에는 도시의 다양한 시공간과 삶이 쌓여 있다.

경의선숲길을 따라 계속 걸으면 사람들도 달라진다. 한껏 멋을 낸 힙스터들이 등장하는가 하면 어설픈 화장을 하고 셀카에 여념 없는 여중생들이 모여 있기도 하다. 전체 구간 완주를 목표로 걷는 근엄한 표정의 사람들, 집에서 와유를 한껏 즐기다 헐렁한 트레이닝복 차림으로 나와 어슬렁거리는 동네 주민들, 어린아이들처럼 나란히 앉아 볕을 쬐는 동네 토박이 할머니들, 반려견과 커플룩을 한 산책자들이 교차한다. 커다란 백팩을 짊어지고 도서관으로 향하는 대학생들도 있고, 공원 길을 지하철역 가는 지름길로 택한 빠른 걸음의 정장족도 있다. 잔디밭 한구석은 해가 지지도 않았는데 벌써 편의점에서 사온 캔 맥주를 부려놓은 '공원맥' 무리가 차지했다.

길이가 긴 만큼 경의선숲길에 붙어 있는 장소와 경관도 다양하다. 검박하지만 다채로운 도시의 이력과 문화가 주렁주렁 매달려 있다. 가장 늦게 완공된 동쪽 끝 원효로 구간에는 옛 철길의 흔적이 비교적 많이 남아 있고 작은 화물차를 개조한 커뮤니티 시설도 있다. '기찻길 옆 오막살이'들이 여전히 공존한다. 조금 더 힘을 내 걸으면 효창운동장과 김구, 이봉창, 윤봉길의 묘가 함께 있는 효창공원에 이른다.

조선시대 선혜청의 창고 만리창이 있었던 새창고개 구간은 다른 구간에 비해 경사가 심하다. 폭이 넓고 시야가 트인 이 구간에서는 한강 쪽으로 흘러내리는 서울의 옛 지형을 조감할 수 있다. 백범교에 올라가면 여느 전망대 못지않게 서울의 숨은 풍경을 내려다볼 수 있다. 미니멀하게 디자인된 염리동 구간에는 번성한 마포나루 덕에 형성됐던 소금장수 마을의 생활사가 묻혀 있다. 염리동 구간은 오피스 빌딩들과 인접하고 있어서 공원이 직장인들의 짧지만 호젓한 점심시간 산책길로 쓰인다. 한가한 휴식 시간이라는 뜻의 영어 표현 '파크 타임'에 꼭 들어맞는 장소다. 공연과 전시, 벼룩시장이 열리는 대안 문화 장터 '늘장'이 한때 이 구간 끝에서 운영되기도 했다.

경의선숲길에서 가장 먼저 완공된 대흥동 구간은 나머지 구간에 비해 디자인이 거칠고 투박한 편이지만, 봄이 되면 화려한 벚꽃이 만발한 '인스타 성지'로 변신한다. 다른 구간과 달리 자전거 전용도로가 따로 있어서 왕벚나무와 산벚나무 숲을 질주하는 자전거족이 눈에 많이 띈다. 늦가을이면 숲길을 뒤덮은 낙엽이 찬란한 여름 햇볕과 예리한 가을 햇살의 기억을 두텁게 저장한다. 서강대 앞 신수동 구간에는 철길을 건너 통학하고 철길에서 놀던 추억을 회상하게 하는 조각품들이 있다. 인적이 드문 편인 이 구간을 한가롭게 걷다 보면 마포의 대명사 숯불갈비 식당들로 걸음을 옮길 가능성이 높다.

땡땡거리라 불리던 건널목 풍경을 재현해놓은 와우교 구간에는 허름하고 낮은 건물이 잇따라 늘어선, 기찻길 옆 마을 풍경이 펼쳐진다. '책거리'가 형성된 이 구간에서는 여러 출판사가 위탁 운영하는 책방

© 유청오

도시의 이력과 문화가 주렁주렁 매달린다.
선형 공원의 힘.

들이 발걸음을 붙잡는다. 홍대 인디 음악의 발원지이기도 한 땡땡거리에서 몇 발짝 벗어나면 홍대 권역의 디자인 박물관, 도서관, 소극장들이 걷다 지친 산책자를 초대한다.

경의선숲길에서 가장 북적이는 곳은 말할 것도 없이 연남동 구간이다. 홍대 상권을 끼고 있어 유동인구가 많고 접근성이 좋은 이 구간은 공원 개장과 함께 바로 서울 최고의 핫 플레이스로 뜨며 연남동과 연희동 일대를 바꿔놓았다. 공원 양옆은 물론이고 주변 골목마다 맛집과 카페, 술집이 번성하면서 이 구간은 '연트럴파크'라는 우스꽝스러운 별명까지 얻었다.

홍대역 인근을 지나 가좌역으로 이어지는 경의선숲길 가장 서쪽 구간은 주변 아파트 높이만큼 시원하게 자란 은행나무들로 가득하다. 해질녘 이 길을 따라 가좌역 쪽을 향해 걸으면 장대한 풍경이 펼쳐진다. 가좌역 승강장에 서면 풍경이 그리운 추억으로 변한다. 승강장 너머 남가좌동에는 긴 시간에 풍화된 나의 유년이 있다.

사진을 찍으며 천천히 걸었지만 두 시간이 채 걸리지 않았다. 스마트폰에 눈을 고정하고 걷는 사람이 없었다. 억압받는 팔다리의 능력을 해방시키고 건강한 리듬과 활기찬 표정으로 도시를 걷는 사람들을 경의선숲길에서 만났다.《걷기, 두 발로 사유하는 철학》(책세상, 2014)에서 철학자 프레데리크 그로는 말한다. "걷는다는 것, 그것은 지면의 단단함과 육체의 허약함을 깨닫고 땅에 발을 내딛는 느린 동작으로 자신의 조건을 실현하는 것이다."

길이가 긴 만큼 공원에 붙어 있는
장소와 경관도 다양하다.

© 유청오

야생의 위로

'걷기의 미학, 도시에서 길을 잃다.' 이 호기로운 주제를 내건 '환경미학' 시간에 수강생들과 도시 구석구석을 원 없이 쏘다녔다. 그 덕에 머릿속은 상큼하게 투명해졌지만, 날카로운 공기에 콧구멍 쓰라린 겨울이 시작되자 몸에 빨간불이 켜졌다. 걸음을 내디딜 때마다 온몸의 솜털마저 뾰족하게 곤두세우는 발바닥과 뒤꿈치 통증이 느껴졌다. 족저근막염이 꽤 심하다는 진단을 받았다.

몸만 일으키면 무조건 움직이게 되는 줄 알고 살았는데 꼭 그런 건 아님을 깨닫고 나니 흐릿하고 찌뿌둥한 겨울 하늘보다 더 우중충하게 기분이 급락하고 마음이 얼어붙었다. 게다가 햇빛이 줄어 세로토닌 분비가 감소하고 찐득한 우울의 먹구름이 피어오르는 겨울 아닌가. 마음껏 걸을 수 없는 데다 끝날 줄 모르는 코로나 사태에 진창 같은 대선판까지 겹친 겨울, 푹 꺼진 소파에서 헤어나오지 못하고 매일 넷플릭스만 돌리다 사놓고 묵혀둔 책 한 권에서 출구를 찾았다.

박물학자이자 일러스트레이터인 에마 미첼의 《야생의 위로》(심심, 2020)는 집 주변 야생의 숲과 들판, 바닷가를 산책하며 채집한 "영혼을 치유해주는 자연의 힘"을 글과 그림, 사진으로 꾹꾹 눌러 담은 책이다. 열두 달 치 자연 관찰 일기이자 반평생에 걸쳐 겪어온 우울증에 관한 회고록이기도 한 책은 계절마다 요동치는 저자의 마음 풍경이 자연을 통해 어떻게 위로받고 회복되는지 생생히 보여준다.

에마 미첼의 담백한 기록은 낙엽이 땅을 덮고 개똥지빠귀가 철 따라 이동하는 10월에서 시작해 몸이 움츠러들고 어두운 생각이 의욕을 짓누르는 긴 겨울을 헤쳐나간다. 산사나무 잎이 돋고 가시자두 꽃이 피는 3월, 뱀눈나비가 날아다니고 꿀벌난초가 만발하는 6월을 거쳐 뜨거운 여름을 통과한 뒤 다시 가을로 돌아오는 여정은 블랙베리가 무르익고 제비가 떠날 채비를 하는 9월에 끝난다. 힘든 순간마다 저자를 위로한 동식물의 모습과 자연의 현상을 세밀하게 포착한 묘사가 책에 실린 추천사처럼 "문학적인 항우울제" 역할을 하며 위안을 준다.

미첼이 인간의 손길이 닿지 않은 숭고한 황야

나 희귀한 천연물을 탐험한 것은 아니다. 그는 반려견과 함께 집 근처 숲을 산책하고 어린 시절 추억이 쌓인 해변을 거닐며 작은 난초가 있는 언덕을 찾는다. 일상의 자연을 산책하다 "보석처럼 알록달록한 낙엽 무더기 위에 서 있을 때, 막 돋아난 버들강아지를 발견했을 때, 그루터기만 남은 들판을 스쳐가는 새매를 목격했을 때" 저자는 경이감에 젖고 삶의 의욕을 찾는다. 산책 중에 발견한 풀과 새를 차분히 그리고 사진 찍고 채집하는 과정에서 위로를 얻는다. 그의 말을 빌리자면 "채집 황홀"을 느끼는 과정이다.

책 곳곳에서 새와 풀꽃, 흙이 노래한다. 책장을 넘기는 것만으로도 숲이 발산하는 피톤치드를 들이마시는 것 같고 세로토닌 뿜어내는 햇볕을 흡수하는 것 같다. 온화한 황홀감을 주는 엔도르핀이 몸에서 분비되는 느낌도 든다. 사실 자연의 사물과 풍경이 스트레스와 피로를 감소시키고 면역력과 회복력을 증가시켜준다는 연구 결과는 차고 넘친다. 그러나 자연이 우리 심신에 영향을 미친다는 심리학과 신경과학 논문들과 다르게 이 책의 미덕은 우리를 문밖으로 나서게 유혹한다는 점이다.

저자와 함께 열두 달의 숲 산책을 느릿느릿 다녀온 것 같은 안온한 기분이 든다. "세상이 혼란스럽고 망가진 곳처럼 보이고 암담한 생각이 걷잡을 수 없이 커질 때, 나는 집에서 나와 나무들이 있는 곳까지 5분 동안 걸었다." 평범해 보이는 이 문장을 여러 번 소리 내어 읽으니 발 통증을 참아낼 자신감이 생겼다. 운동화 끈을 조여 매고 잠시 동네 공원을 걸었다. 메 마른 겨울 공원을 비집고 새봄의 은은한 표정이 번지 고 있었다.

메마른 겨울 공원을 비집고
새봄의 표정이 번지고 있었다.

바다가 대지를 부르는 곳

¶ 시흥갯골생태공원

이른 봄은 1년 중 가장 변화가 많은 시기다. 따뜻한 봄 햇살이 음습한 겨울 기운과 '밀당'을 벌이며 생명의 힘을 깨운다. 겨울을 견뎌내며 잠든 자연의 힘을, 봄은 세상 바깥으로 힘차게 밀어낸다. 역동하는 경계의 시간, 불안정하지만 그래서 더 창조적인 새봄에는 누구나 희망을 품는다. 봄나들이는 결코 틀에 박힌 표현이 아니다. 문밖으로 나서 봄을 감각해야 한다.

잠시 걷기만 해도 언제나 위로를 안겨주는 곳, 시흥갯골생태공원에 다녀왔다. 150만 제곱미터에 달하는 경기도 시흥시 장곡동 일대의 이 갯골 공원은 일제가 천일염을 생산해 본토에 공급하려고 만든 소래염전이 자리했던 곳이다. 소금 생산이 중단된 뒤에는 불모의 땅으로 버려져 온갖 쓰레기와 폐기물이 투기되는 질곡의 세월을 겪고, 다시 생태공원으로 거듭났다. 축

바다가 대지에 말을 걸고
대지가 바다에 귀 기울이는
시흥 갯골.

축하게 뒤엉킨 잡념과 소란한 시절의 우울감에서 벗어나게 해주는 장소, 이 공원의 가장 큰 매력은 막힘없이 사방으로 뚫린 시원한 풍경이다. 텅 빈 하늘과 광활한 들판의 콜라주, 물과 뭍과 식물이 뒤섞인 두터운 질감, 바람이 실어나른 비릿한 바다 냄새가 함께 빚어내는 공감각의 경관이 절로 작은 탄성을 자아낸다.

시흥갯골생태공원은 바다가 대지를 부르고 대지가 바다에게 답하는 경계의 공간이다. 갯골은 밀물과 썰물 사이에 바닷물이 들고 나며 잠겼다 드러나기를 반복하는 고랑이다. 시흥 갯골은 서해 바닷물이 내륙 깊숙이 들어오며 만들어낸 거대한 '내만' 갯골인데, 바닷가 넓은 갯벌과 달리 깊고 좁은 곡선이고 그 형상이 뱀과 비슷해 '사행' 갯골이라 부르기도 한다. 시흥 갯골은 해양 생태계와 육상 생태계가 만나고 섞이는 '이행대'다. 경계와 이행의 지대, 갯골은 지역 생태계에 영양분을 공급하는 젖줄이자 다양한 생물의 터전이다.

이행대移行帶로 번역되는 에코톤ecotone은 그리스어로 집을 뜻하는 오이코스oikos와 탄성을 뜻하는 토노스tonos를 합친 말이다. 생태학적 긴장과 풍요의 공간인 이행대는 두 지대를 잇는 다리처럼 불안정한 경계 너머의 생물들을 교류하게 하는 생태적 탄력을 지닌다. 시인 함민복이 노래하듯, "모든 경계에는 꽃이 핀다." 《불확실한 날들의 철학》(어크로스, 2016)의 저자 나탈리 크납은 생태학적 이행대의 잠재력에 빗대 인생의 과도기가 갖는 무한한 가능성을 탐색한다. "불확실한 시기에 삶은 가장 강렬하게 다가온다." 삶의 과도기가 불안정하면서도 창조적이듯, 전이와 이행의 땅 갯골은 경계의 생태계가 발산하는 경이로운 풍경을 감각적으로 보여준다.

시흥갯골생태공원의 아름다운 경관 저 밑에는 농게, 방게, 말뚝망둥이 같은 저서생물이 서식한다. 이들을 먹이로 삼는 도요새, 쇠백로, 흰뺨검둥오리, 괭이갈매기, 왜가리, 저어새가 한데 어울려 거주한다. 개펄 속 생물이 바닷물 속 미생물을 흡수해 자체 정화를 하고, 소금기 많은 곳에 자라는 퉁퉁마디, 나문재, 칠면초 같은 염생식물 군락이 깨끗한 산소를 뿜어낸다. 갯골의 공기가 어느 때나 맑고 신선한 이유다.

계절의 변화를 고즈넉이 전시하는 칠면초 군락, 바람 따라 춤추는 은빛 억새꽃, 개펄의 속살을 뚫고 들락거리는 게들의 분주한 군무. 생태학적 이해나 생물에 대한 지식이 없더라도 이행대의 긴장감 넘치는 매력을 흠뻑 느낄 수 있다. 갯골의 절정은 칠면초가 붉은색 옷으로 갈아입는 가을이지만, 이른 봄의 갯골도 시련의 과도기를 통과하는 생명력으로 충만하다.

봄을 맞은 이행대의 질감을 눈으로 만지고 발

로 걸으며 감촉하면 겨울의 찐득한 무게에 짓눌렸던 몸과 마음이 변화에 참여하는 기쁨을 얻는다. 겨울과 봄의 경계를 가로지르며 갯골을 걸었다. 바다가 대지에 말을 걸고 대지가 바다에 귀 기울이는 경계의 공간에 빛과 어둠이 교차하는 경계의 시간이 찾아들었다.

경계의 생태계가 발산하는
경이로운 풍경.

야구장은 공원이다

둘째 딸이 고등학교에 들어가 첫 중간고사를 치른 때의 이야기다. 요즘 대입에선 정시보다 수시 정원이 많아서 고1 때부터 한 치의 빈틈없이 내신 관리를 하는 게 중요하다고 한다. 아이가 이런 중압감을 어떤 방식으로 견뎌내고 어떤 성적을 받을지, 아내는 스스로 수험생으로 빙의해 마음을 졸였다. 정작 나는 아이의 시험 결과보다는 시험이 끝난 날 무얼 하며 노는지가 몹시 궁금했다.

중간고사를 마친 날, 아이는 밤 열한 시가 넘어서야 집에 들어섰다. 잔뜩 상기된 뺨, 친구 세 명과 잠실야구장에 다녀왔다고 한다. 엘지 트윈스와 두산 베어스의 긴장감 넘치는 빅매치여서 모든 시험 스트레스가 날아갔다고 만족해하며, 아이는 다음 시험 끝나는 날엔 아빠와 꼭 롯데 자이언츠의 경기를 보러 가고 싶다는 립서비스까지 날렸다. 미소를 감추며 과묵한 표정을 유지했지만 속으로는 쾌재를 부르지 않을 수 없었다. 이런 게 바로 조기 교육의 참 성과군.

아이는 유치원 다니던 무렵부터 주말마다 아빠 곁을 지키며 야구 중계를 함께 봤다. 참다못한 아내는, 조경학과 교수면 적어도 주말에 아이와 공원에 갈 의무가 있는 것 아니냐는 공세를 반복적으로 펼쳤다. 나는 야구장도 공원이라는 논리를 펴며 꿋꿋이 TV 화면을 사수하곤 했다.

좌측 펜스의 높이가 11미터나 되어서 '그린몬스터'라 불리는 보스턴 레드삭스의 펜웨이 파크Fenway Park처럼, 여러 메이저리그 야구장 이름에 붙은 '파크'는 단순한 은유가 아니다. 19세기의 급격한 도시화가 낳은 사회문제의 공간적 진통제로 발명된 근대 도시공원과 노동 계층의 여가 욕구를 분출하는 장치로 고안된 야구장은 그 탄생 시기가 일치할 뿐만 아니라 사회적 이념 면에서도 형제 관계다. 도시공원의 아버지로 불리는 프레더릭 로 옴스테드가 계획한 버팔로 공원 시스템Buffalo Park System의 핵심 요소는 베이스볼 파크다. 훗날 샌프란시스코로 연고지를 옮긴 뉴욕 자이언츠의 홈구장은 센트럴파크 안에 있었고, 지금도 센트럴파크에는 아마추어용 야구장이 여섯 개나 있다. 놀랍게도 야구장은 규격이 제각각이다. 베이스 간

© 주신하

창원NC파크.
거리에서 바로 걸어 들어가
경기를 조감할 수 있는 아름다운 공원이다.

거리를 비롯한 내야의 규격은 격자형 도시의 블록 크기처럼 일정하지만, 외야의 넓이, 펜스 높이와 재질은 야생의 자연처럼 변화무쌍하다. 도시(내야)와 자연(외야)이 만나 다양한 변주를 펼친다. 이렇듯 야구장은 공원의 한 전형이다. 물론 이런 식의 논리에 아내가 고개를 끄덕였을 리 없다.

이런 지난한 과정을 겪으며 아이는 자연스럽게 야구 팬으로 성장했다. 아무런 설명을 해주지 않았는데도 복잡한 야구 규칙을 스스로 깨우쳤다. 태그 아웃과 포스 아웃 상황을 구별하고, 스트라이크 아웃 낫 아웃이라는 이상한 이름의 규칙을 이해했다. 수비 포지션 명칭을 통해 영어를 익히고 타율 계산식으로 수학 공부를 하는 아이를 보면 뿌듯하기 이를 데 없었다. 아이가 열심히 따라 부르는 어느 선수의 응원가 원곡이 베토벤 9번 교향곡이라고 알려주자 내게 존경의 눈빛을 보내기도 했다. 아빠의 영향으로 이기는 날보다 지는 날이 더 많은 롯데 팬이 된 걸 후회하는 것 같던 아이는, 어느 날 등번호 31이 커다랗게 박힌 손아섭의 유니폼을 사 입고 와 우승을 경험한 지 사반세기가 넘은 우울한 중년 팬을 기쁘게 하기도 했다.

시험을 마친 아이가 야구장에 갔다 온 다음 날, 〈한겨레〉에 연재하는 공원 칼럼을 흥미롭게 읽고 있다는 어느 대중잡지 기자의 전화를 받았다. 이 화려한 봄의 절정에 꼭 가봐야 할 공원을 추천해주세요. 나는 말했다. 가장 최근에 개장한 '창원NC파크' 어떨까요? 창원NC파크는 도시 가로와 외야 상단의 높이가 똑같아요. 거리에서 바로 걸어 들어가 경기를 조감할 수 있는 아름다운 공원이죠. 아, 그런 파크 말고 진짜 파크요. 청명하던 그의 목소리에 균열이 생기고 있음을 직감했다. 야구장 이름에 파크가 들어가서가 아니라 야구장이 바로 공원이라는 이야기를 더듬거리며 꺼냈지만, 대화는 더 이상 이어지지 않았다. 내가 정작 하고 싶었던 말은, 야구장만큼 집단의 힘과 익명의 자유를 동시에 즐길 수 있는 공원은 없다, 야구장은 열광과 고뇌를 변주할 수 있는 공원이다, 뭐 이런 거였는데.

구름을 찾아 나선 날

¶ 광교호수공원

별다른 취미가 없어서일까. 주말 신문의 신간 기사 읽는 것만큼 즐거운 일이 드물다. 지난 토요일엔 '구름감상협회' 설립자 개빈 프레터피니의 《구름관찰자를 위한 가이드》(김영사, 2023)에 시선이 꽂혔다. 당장 서점에 가려 문을 나섰는데, 정말 놀라운 상황이 펼쳐졌다. 맙소사, 출판사 증정본이 배달되어 있었던 것이다.

"'파란하늘주의'에 맞서 구름의 아름다움과 쓸모를 알리는" 목적으로 쓴 구름 책을 설레는 마음으로 펼쳐 읽어 내려갔다. "두둥실 떠가는 솜사탕 같은 뭉게구름이 깔린 햇살 좋은 나른한 오후가 구름 한 점 없는 밋밋하고 단조로운 하늘보다는 훨씬 나은 법이다." 솜털처럼 아늑한 적운(뭉게구름)을 다룬 첫 꼭지를 순식간에 읽고 무서운 구름의 왕, 적란운 이야기로 넘어가다 깨달았다. 당장 나가야 한다. 고개를 들어 하늘을 보자. 구름의 덧없는 아름다움이 나를 초대하고 있지 않은가.

언제 가도 경쾌하고 활기찬 광교호수공원을 택했다. 여느 신도시와 달리 광교에 들어서면 생동감이 넘친다. 아직 세월의 때가 쌓이지 않아 조금은 생경한 풍경, 하지만 백지가 아니라 양피지에 쓴 글처럼 두터운 층과 켜를 지닌 도시로 느껴진다. 광교산의 형세가 도시로 이어지고 원천과 신대, 두 저수지를 품에 안은 형상 때문이다. 이 도시의 주연은 옛 저수지의 형태와 기억을 담아 디자인한 광교호수공원이다.

놀거리와 갈 곳이 많지 않던 시절, 원천저수지 일대는 꽤 이름난 유원지였다. 인천을 대표하는 유원지가 송도와 월미도였다면, 수원은 원천이었다. 협수룩한 건물에 색동 조명을 단 카페들이 나들이 나온 연인들의 발걸음을 멈추게 했다. 호수랜드라는 어색한 이름의 간이 테마파크에선 긴 줄 서지 않아도 '바이킹'의 스릴을 즐길 수 있었다. 그 시절 원천 최고의 명물은 오리배였다. 자전거 타듯 페달만 밟으면 누구나 거침없이 물살을 헤쳐나갈 수 있었다. 남루한 숙박시설과 식당들은 대학생 엠티의 명소였다. "사랑도 명예도 이름도 남김없이 한평생 나가자던 뜨거운 맹세." 신입생들의 어설픈 노래가 칠흑 같은 호수의 밤하늘을 갈랐다. 이제 세련된 신도시의 공원으로 변신했지만, 물가를 거니는 이들의 풍요로운 웃음은 옛 유원지의 풍경과 다르지 않다.

광교호수공원의 가장 큰 매력은 마음껏 걸을 수 있다는 점이다. 높고 넓은 하늘이 머리 위에 가득 펼쳐져 있어 고층 아파트조차 눈에 거슬리지 않는다. 너무 멀리 길을 나서진 않았다는 안도감에 긴장을 풀고 평온한 산책의 여유를 누릴 수 있다. 걷기는 신체를 세상으로 여는 행위다. 몸의 모든 감각으로 세계와 만나는 과정이다. 두 팔을 마음껏 흔들며 호숫가를 걷다 보면 풍경 경험의 주도권이 나에게 온다. 속도감을 우아하게 망각하며 걷기에 몰입하면 시간의 흐름을 거스르는 길이 트인다. 오래전 유원지의 추억이 신도시 한가운데 포개진다.

광교호수공원(신화컨설팅 설계)의 원천 호숫가에서 가장 이채로운 곳은 '도회적 제방'이라는 이름의 산책로다. 옛 저수지 제방에서 벌어진 휴식과 행락의 기억을 재해석해 디자인한 이 동선은 서로 다른 높이의 제방길 세 개가 엮이고 엇갈리면서 경관 체험을 다채롭게 해준다. 제일 낮은 제방을 걸을 땐 수면이 발바로 밑에 있어 물 위를 떠다니는 기분이 든다. 제일 높은 제방에서 호수를 내려다보면 같은 수면이 완전히 달라 보인다. 날렵한 난간을 따라 덱 위를 걷다 보면 갑자기 습지가 등장하고 제멋대로 자란 물풀이 눈 앞에 놓인다. 거친 갈대 군락이 초고층 건물들의 차가운 질감과 대조를 이룬다. 이 의외의 풍경을 응시하면 짧은 순간이나마 지도 바깥으로 탈주할 수 있다.

구름 책을 읽다 급기야 구름을 찾아 나선 토요일 오후, 원천호수보다 덜 붐비는 신대호수로 방향을 잡았다. 걷는 사람들을 반기는 의자가 즐비하다. 고된 걸음을 멈추고 몸을 맡길 수 있는 공원 의자는 오아시스처럼 경이로운 선물이다. 전형적인 벤치뿐 아니라 1인용 소파처럼 발 뻗고 기댈 수 있는 의자, 이용자가 자유롭게 자리를 옮길 수 있는 의자, 모듈을 조합해 즉석에서 디자인할 수 있는 의자, 평상처럼 넓어 야외 거실 역할을 하는 의자, 그늘막이 펴지는 테이블 딸린 의자에 이르기까지 신대 호숫가는 산책자를 환대하는 의자로 풍성하다.

《사람, 장소, 환대》(문학과지성사, 2015)에서 인류학자 김현경이 말하듯, "환대는 자리를 주는 행위이다." 공원 의자 한 자리를 차지하고 몸을 눕혔다. 운 좋게도 미세먼지 적은 날, 하얀색 브로콜리 더미 모양으로 솟아오른 뭉게구름을 보며 마음을 내려놓았다.

거친 갈대 군락이
초고층 건물들의 차가운 질감과
대조를 이룬다.

선택된 기억의 편집

¶ 서소문역사공원

뜨거운 물속을 걷는 것 같은 장마철 출근길. 끈적끈적 찌뿌둥 후덥지근한 시절은 오히려 몸을 써서 이겨내야 하는 법이다. 연구실 에어컨의 유혹을 뿌리치고, 개장 두 달이 넘도록 미뤄둔 서소문역사공원 답사에 나섰다.

도시의 모든 공간에는 시간의 켜와 기억의 겹이 쌓여 있기 마련이지만, 서소문역사공원이 들어선 땅만큼 복잡한 사건과 기구한 사연이 뒤엉킨 곳은 드물다. 서소문밖 네거리 일대는 분주한 시장이자 잔혹한 형장이었다. 17세기부터 칠패시장과 서소문시장이 번성했고, 중국으로 향하는 육상 교통로에 접해 있어 한양도성 밖의 대표적인 상업 중심지로 발전했다. 조선시대에는 국가 중죄인들을 처형하는 장소이기도 했다. 홍경래의 난과 갑신정변의 국사범들이 이 형장에서 죽임을 당했고, 손화중과 김개남을 비롯한 동학 농민혁명의 여러 지도자들이 참형됐다. 신유박해, 기해박해, 병인박해를 거치며 100여 명의 천주교 신자들도 이곳에서 처형당했다.

일제강점기에는 수산청과시장으로 쓰이기도 했다. 일제의 근대 도시계획에 따라 서소문은 인근 한양도성 성곽과 함께 철거됐고 경의선이 통과하게 됐다. 1960년대에는 서소문로를 따라 고가 차도가 놓였고 그 후에는 고층 건물들에 둘러싸이면서 이 장소에 얽힌 시간과 기억은 깊이 파묻혔다. 섬처럼 고립된 땅에 근린공원이 들어서고(1976년) 천주교 성지임을 알리는 현양탑이 세워졌지만(1984년), 공원 지하에 쓰레기 처리장, 공용 주차장, 꽃 도매상이 계속 덧붙여진 채 쓰레기 악취와 철도 소음 속에 방치되었다. 2011년 서울대교구가 '서소문밖 역사유적지 관광자원화사업'을 중구청에 제안하면서 변신 프로젝트가 시작됐고, 2014년의 설계공모를 거쳐 2019년 6월 지상 1층 지하 4층의 복합문화공간인 서소문역사공원이 모습을 드러냈다.

나는 삶과 죽음이 교차한 이 땅의 콘텍스트를 잠시 괄호 안에 넣고 새 텍스트에만 집중해보기로 마음먹었다. 지상의 공원에서 자연스럽게 유도되는 동선을 따라 지하의 음각 공간들을 유람하다 '콘솔레이션 홀'에 몸을 맡겼다. 낯선 스케일과 비례의 정육면체 공간, 높이 12미터의 거대한 벽면 네 개가 바닥에서 2미터 떠 있는 형태다. 그 중심을 비추는 조명 아래에 앉아 네 벽면에 투영되는 파도치는 바다 영상을 바라보며 멀리서 들려오는 모차르트의 레퀴엠에 취해 스르르 잠에 빠져들었다.

시간이 얼마나 흘렀을까. 좁고 긴 수로를 따라가다 낮은 유리문을 열자 지하 공간의 종착지인 '하늘 광장'이 나온다. 땅속 깊이 파묻힌 공간이지만 하늘이 뻥 뚫린 텅 빈 광장. 아마도 건축가 윤승현(인터커드 소장)은 이 침묵의 광장에서 죽음이 희망으로, 기념성이 일상성으로 전이되기를 의도했겠지만, 나는 붉은 벽돌 벽의 무심한 물성 위로 쏟아지는 정사각형 하늘의 순수한 공간감에서 도리어 위안과 해방을 경험했다. 광장 벽 한편에는 순교 성인 44인을 상징하는 정현의 조각 〈서 있는 사람들〉이 슬픔이나 무거움을 강요하지 않은 채 작품 제목처럼 당당히 서 있다.

고요하면서도 나른한 반나절의 여름 휴가를 마치고 돌아오는 길, 괄호에 가둬두었던 이 땅의 콘텍스트를 다시 꺼냈다. 도시의 공간은 선택받은 기억만으로 편집되는 지면이다. 서소문역사공원에서 선택된 것은 천주교 순교의 기억이고 누락된 것은 시장과 동학의 기억이다. 그러나 철저하게 삭제된 가장 최근의

기억 하나가 더 있음을 잠깐의 검색만으로도 알 수 있
다. 이곳은 아이엠에프IMF 경제 위기 이후 몰려든 수
많은 노숙인의 애달픈 쉼터이기도 했다. 이제 그들은
편집이 반복되는 이 도시의 어디로 갔을까.

서소문역사공원.
시간의 켜와 기억의 겹이
적층되고 편집된 곳이다.

지도 바깥의 공원

¶ 서울어린이대공원

누구나 지도 바깥의 장소 하나쯤은 가지고 산다. 지도에 분명히 존재하지만 지도에 기록된 정보보다 훨씬 두꺼운 이야기 자국들이 제멋대로 쌓인 곳. 속속들이 다 알려진 합리적 세계의 표면 아래에 감춰진 나만의 장소 말이다. 나에겐 그런 장소 중 하나가 능동 서울어린이대공원이다. 가끔 이 공원에 들른다는 이야기를 친구들에게 꺼내면 대개는 놀라서 되묻는다. 아직 '대공원'이 있단 말이야? 요즘 2, 30대 중에선 대공원의 존재 자체를 모르는 경우가 대부분이다. 한때 이름만 들어도 가슴 뛰던 스펙터클의 공간, 어린이들의 첫 번째 천국이었던 원조 놀이공원에는 이제 세월이라고 불러도 좋을 긴 시간의 흔적들이 얼룩으로 남아 있다. 긴 장마가 시작되기 전 주말 오후, 지도 바깥의 쇠락한 공원으로 발걸음을 옮겼다.

순종의 비 순명황후 민씨의 능 터였던 어린이대공원 자리에는 1927년 서울컨트리구락부 골프장이 들어섰다.* 이 땅의 운명을 다시 바꾼 건 대통령의 한마디 지시였다. 골프장을 교외로 옮기고 어린이를 위한 대공원을 만들라는 박정희 대통령의 말은 군사 작전을 방불케 하는 속전속결 180일 공사로 이어졌다. 1973년 5월 5일, 드넓은 녹색 초원과 환상의 놀이동산을 갖춘 어린이대공원이 문을 열었다. 뜨거운 햇살과 발 디딜 틈 없는 인파에 잔뜩 겁먹었던 어린이날의 기억이 아직도 생생하다. 개장일 오후 세 시, 입장객은 60만 명을 넘었다. 당시 서울 인구가 630만 명이었는데, 그해 하루 평균 방문자가 30만 명이었다고 한다.

남산공원이나 삼청공원 같은 산자락이 공원의 전부였던 서울에 대형 도시공원의 시대가 열렸다. 당시 유년 세대가 처음 경험한 공원은 어린이대공원이었다. 이 공원은 동부 서울의 지도를 다시 그리게 했다. 서울 시내 어느 곳에서도 한 번만 갈아타면 어린이대공원에 갈 수 있도록 시내버스 노선이 개편됐고, 대공원에 가는 버스 번호는 500번대로 통일됐다. 한

*   이하 어린이대공원 조성 과정의 상세한 사정과 여러 일화는 당시 서울시 기획관이었던 손정목의 《서울 도시계획 이야기 3》(한울, 2003)에 상세하게 기록되어 있다.

적한 교외였던 능동, 중곡동, 화양리 일대에 개발 열
풍이 불었다. 공원이 도시의 구조와 형태를 바꾼 대표
적인 사례 중 하나다.

"어린이는 내일의 주인공, 착하고 씩씩하며 슬
기롭게 자라자." 대통령 친필을 굵게 새긴 기념비는
낡고 닳은 모습으로 아직 그 자리에 있다. 흑백사진
에서 컬러사진으로 넘어가던 시절, 1970년대에 유년
을 보낸 세대는 거의 다 이 기념비나 정문 안쪽 분수
대, 팔각당 앞 꽃시계를 배경으로 찍은 빛바랜 기념사
진을 가지고 있다. 부모는 정장을 차려입고, 남자아이
는 조끼와 반바지 밑에, 여자아이는 원피스 밑에 하얀
타이츠를 신고 한껏 멋을 내는 게 공원 나들이 패션의
정석이었다.

비용을 줄이느라 돌을 쓰지 않고 콘크리트 위
에 석고를 발라 만든 분수대와 순백색 모자상들은 세
종로 충무공 이순신 동상을 조각한 김세중 작가의 작
품이다. 1996년 서울을 처음 방문한 마이클 잭슨이
이 조악한 분수대에 반해 똑같은 작품을 자기 집 정원
에 설치하려 작가를 수소문했다는 일화도 전해진다.
이제 분수대는 최신식 음악분수로 바뀌었고, 모자상
은 주변 녹지대로 자리를 옮겼으며, 꽃시계는 사라졌
다. 여덟 대의 미끄럼틀이 놓였던 정문 옆 '메머드 풀
장'은 다른 시설들로 여러 번 바뀌었다. 굵은 글씨의

낡고 닳은 모습으로
그 자리에 서 있는 기념비.

'들어가지 마시오' 팻말 덕분에 절대 밟으면 안 되는 줄 알았던 광활한 잔디밭은, 이제 누구나 들어가 피크닉을 즐기는 공간이 되었다.

쉰 살을 맞은 중년의 어린이대공원은 오래된 흑백영화의 한 장면 같다. 긴 세월 동안 고치고 덧댄 시설과 공간의 콜라주, 과거의 화려함을 찾기 힘든 쓸쓸한 풍경. 여러 시간대가 탈색된 채 겹쳐져 있어 어수선하지만 그 산만한 틈을 일상의 호젓한 산책과 한가로운 휴식이 채운다. 화려함과 흥분감으로 터져나갈 것 같던 공원은 이제 지루하면서도 느릿한 매력을 지닌 일상의 동네 공원처럼 변신해 우리를 초대한다. 자연스레 나이를 먹은 지형과 수목, 산책길에 새로 만든 '맘껏놀이터'(조경가 김아연 설계)가 병치되어 있다. 1970년에 지은 골프장 클럽하우스(건축가 나상진 설계)는 철거 직전 살아남아 시간의 흔적을 견뎌내며 '꿈마루'(건축가 조성룡과 최춘웅 설계)로 부활했다.

숨 가쁘게 후문 방향 언덕길을 넘으면 한때 국내 최초, 동양 최대라는 수식어를 달았던 놀이동산을 만난다. 모든 아이들의 소원은 여기서 환상의 '청룡열차'를 타는 것이었다. 다섯 칸 열차 한 칸마다 네 명씩 타는 청룡열차는 500미터 궤도를 최고 시속 60킬로미터로 달렸다. 요즘 롤러코스터처럼 역동적이지는 않았지만, 세 번의 오르막과 내리막은 팽팽한 긴장감을 뿜어내기에 모자람이 없었다. 덜컹덜컹 소리 내며 힘겹게 레일을 오른 뒤 내리막으로 떨어지는 순간, 아이들이 내지르는 '꺄악' 비명이 허공을 메웠다. 반나절을 줄 서야 탈 수 있는 놀이동산 최고의 핫 플레이스였다. 놀이동산의 새치기 문화를 고발하는 기사가 신문 사회면의 단골이었다. 아이들이 다른 놀이기구를 타는 동안 청룡열차 줄을 서는 게 그 시절 아빠들의 기본기였다. 1984년에 교체된 2세대 청룡열차의 이름은 '88열차'였다. 1983년생 '바이킹'도 어린이대공원의 새로운 강자로 떠올랐는데, 40인승 바이킹을 타려면 세 시간을 기다려야 했다.

전성기의 어린이대공원에서 아이들은 물론 어른들도 공원이라는 장소의 문화를 처음 경험했다. 흥미롭게도 그것은 도시공원의 대명사인 센트럴파크의 문화보다는 놀이공원의 원조 격인 코니아일랜드Coney Island의 문화에 가까웠다. 자본주의 도시의 정치·경제적 골격과 사회적 틀이 광속으로 실험되던 19세기 후반의 뉴욕, 센트럴파크와 코니아일랜드는 거의 같은 시기에 등장한 대조적인 유형의 공원이었다. 센트럴파크가 산업도시의 문제를 치유하는 도덕과 계몽의 공공 공원이라면, 코니아일랜드는 초현실적인 각성과 자극적인 놀거리를 제공하는 놀이공원으로 인기를 끌었다. 스펙터클과 판타지를 파는 축제의 장이었던 셈이다. 1970~1980년대의 경직된 한국 사회에서 어린이대공원이라는 전대미문의 공간은 코니아일랜드 못지않은 자유와 일탈을 허락했다고도 볼 수 있다.

용인자연농원(1976년 개장, 현 에버랜드), 서울대공원(1984년), 드림랜드(1987년 개장, 2009년에 '북서울꿈의숲'으로 공원화), 롯데월드(1989년)와 같은 본격적인 테마파크들이 속속 문을 열면서 어린이대공원의 환상과 명성은 서서히 무너진다. 초기 놀이기구들은 2013년에 철거됐고 269톤의 고철로 변해 포스코 제철소의 용광로로 들어갔다. 새로 단장한 놀이동산은 에버랜드나 롯데월드와 경쟁하지 못하고 퇴락의 길을 걸었다. 방치일까 전시일까. 어수선한 놀이동산 한구석엔 '서울미래유산'으로 지정된, 퇴역한 1세대 청룡열차 한 량이 부식된 채 놓여 있다.

어린이대공원 후문과 어깨를 맞대고 있는 리틀앤젤스회관을 마주하고서야 내가 대공원 근방의 고등학교를 다녔다는 사실을 새삼 깨달았다. 우리는 시험이 끝나는 날이면 대공원 후문으로 몰려가 예술학교 여학생들을 훔쳐보다 공원 숲속으로 도망치는 의식을 치르곤 했다. 후문을 벗어나자 다시 지도 안의 도시가 펼쳐졌다.

2부

모두를 환대하는 공원

스스로 놀거리를 찾고
맘껏 뛰노는 곳

¶ 전주 맘껏숲놀이터.

전주로 짧은 여행을 다녀왔다. 전공이 전공인
지라 여행과 답사의 경계가 늘 불분명하다. 동행자의
기대를 저버릴 수 없어 전주의 대명사인 한옥마을과
요즘 뜨는 문화 플랫폼 팔복예술공장에 들렀고 비빔
밥과 콩나물국밥도 맛봤지만, 잠깐의 틈을 포착해 점
찍어둔 장소를 둘러보는 데 성공했다. 덕진공원 어귀
에 새로 생긴 '야호맘껏숲놀이터'다.

야호, 맘껏! 이름만 들어도 신나는 이 놀이터
는 유니세프의 아동친화도시 인증을 받은 전주시가
유니세프 한국위원회와 함께 비용을 마련해 만들었
다. 어린이에게 스스로 도시 공간을 만들 권리를 준다
는 취지의 유니세프 프로젝트가 서울의 맘껏놀이터,
군산의 맘껏광장에 이어 전주의 맘껏숲놀이터로 확
산된 것이다. 세 사업의 기획과 조성 과정을 이끈 조

경가 김아연(서울시립대 조경학과 교수)은 이렇게 말한다. "놀이 공간은 무엇이든 담을 수 있는 그릇 같아야 합니다. 뻔한 조합놀이대에 익숙해진 아이들은 정해진 규칙대로만 놀고 사고해요. 그래서 놀이터를 재미없다고 여기죠. 스스로 놀거리를 찾고 노는 방법을 궁리하게 했어요."

전주 맘껏숲놀이터에는 넓은 공터가 있다. 여느 아파트 단지 놀이터나 동네 어린이공원에서 흔히 볼 수 있는 기성품 놀이기구는 없다. 그네와 시소도 없다. 대신 다양한 높낮이의 잔디 언덕이 공터를 감싸고 있고, 얕은 개울과 물웅덩이, 흙과 모래, 낮고 길쭉한 곡선형 벤치, 풍성한 수목이 흩어져 있다. 내가 방문한 날에는 진흙 놀이와 나무토막 쌓기에 열중한 아이들로 북적였다. 큰 아이들은 쉬지 않고 언덕을 오르고 뛰어내렸다. 자원봉사 프로그램에 참여한 초등학생들은 한여름 무더위에 흠뻑 땀 흘리며 어설픈 낫질로 풀을 베고 있었다. 어른 눈에는 놀이기구 없는 놀이터가 재미없어 보이지만, 아이들은 뭘 가지고 어떻게 놀아야 할지 스스로 탐색하며 즐겁게 논다. 자발성의 힘이다.

맘껏숲놀이터의 또 다른 특징은 다양한 연령층에 대한 배려가 돋보인다는 점이다. 어린이뿐 아니라 청소년도 공유하는 다용도 공간이 곳곳에 있다. 언덕

© 김아연

풍성한 숲은
자연을 만나는 비밀의 정원이다.

능선을 넘어서면 덕진공원의 아름다운 호수 풍경을 액자처럼 담아내는 슬라이딩 가벽이 나온다. 가벽에 달린 넓은 칠판은 분필 낙서로 빼곡하고, 벽에 붙인 대형 거울은 케이팝 댄스를 연습하는 데에 쓰인다. 놀이터 경계부의 대나무 숲에는 야호학교 청소년들이 직접 디자인해 제작한 아지트가 있고, 개잎갈나무 숲에는 모두의 로망인 트리하우스가 여러 채 매달려 있다. 풍성한 숲은 어린이와 청소년이 자연과 만나는 곳 그 이상이다. 또한 시민들이 여백의 시간을 호젓하게 보내는 장소이기도 하다. 바로 붙어 있는 덕진호수는 연꽃 관광객으로 시끌벅적하지만, 놀이터의 숲은 아는 사람만 아는 비밀의 정원이다.

이렇게 자발성과 다양성을 갖춘 놀이터를 묵묵히 지원하는 조연이 있다. 입구 쪽에 자리한 '맘껏하우스'다. 기획자 김아연은 서울과 군산의 맘껏 프로젝트 경험을 통해 실내 공간과 연계되지 않으면 야외 놀이터가 활성화되기 어렵다는 걸 절감했다고 한다. 날씨와 상관없이 아이들이 놀고 보호자가 편안하게 지켜볼 수 있는 공간이 필요하다는 점을 전주시가 수용했고, 지역 건축가 김헌(일상건축사사무소 소장)의 손을 거쳐 공간에 다양한 틈을 만들어내는 검박한 박공지붕 건물이 들어섰다. 이곳은 실내지만 야외처럼 느껴지는 사이 공간이 많아 일종의 놀이기구처럼 활발하게 쓰이고 있다.

시간의 겹이 포개진 안온한 장소감도 이 땅의 숨은 매력이다. 원래 이 자리에는 1973년부터 거의 30년간 운영된 덕진공원 야외 수영장이 있었다. 전주에서 하나뿐인 야외 수영장이라 여름철이면 많은 어린이가 몰려와 물놀이를 즐겼다고 한다. 게다가 덕진공원은 오랜 세월 동안 전주 유일의 도시 유원지 역할을 해온 명소다. 할머니 할아버지가 덕진호의 연화교를 거닐고 오리배를 타며 데이트하던 곳, 엄마 아빠가 물장난 치며 무더위를 이겨내던 곳에서 이제 아이들이 맘껏 뛰놀며 자연을 만나고 시간을 달린다.

여러 세대에 걸친 기억이 켜켜이 쌓인 땅, 스쳐 지나가는 구경꾼에게는 추상적인 '공간'이지만 전주 사람들에게는 사건과 이야기가 층층이 새겨진 '장소'다. 인문지리학자이자 환경미학자인 이-푸 투안이 말하듯, 공간은 경험을 통해 장소가 된다. 맘껏숲놀이터에 깊이 밴 장소감을 투안 식으로 말하자면, '토포필리아'다. 그리스어로 장소를 뜻하는 토포스topos에 사랑을 의미하는 필리아philia를 붙인 조어 토포필리아topophilia는 곧 사람이 장소와 맺는 정서적 유대다.

스스로 놀거리를 찾고 노는 방법을 궁리한다.

© 일상건축사사무소

낯선 동네의 작은 공원에서

¶ 후암동, 새나라어린이공원

일상의 삶은 익숙한 장소에서 펼쳐진다. 친숙하지만 지루하고 때로는 지겹기까지 한 '내가 있는 곳'. 늘 일하고 먹고 쉬는 장소를 벗어나고 싶지만, 익숙한 내 자리와 헤어질 결심은 불안감을 동반한다. 누구나 낯선 곳에 가기를 꺼린다. 그러나 이따금 용기를 내 잘 모르는 동네를 걷다 보면 이상하게도 마음이 차분해질 때가 있다. 낯선 장소감과 자발적 고립감이 절묘한 비율로 혼합된 느낌이 의외로 안온하다. 나에겐 후암동이 그런 동네다.

남산 자락과 용산 미군기지 사이에 낀 노후한 동네, 후암동을 처음 만난 건 몇 년 전 용산공원 프로젝트 회의 때였다. 시간이 남아 대로변 약속 장소의 한 켜 뒤편으로 걸음을 옮겼다. 그러자 상상하기 힘든 밀도의 도시 풍경이 펼쳐졌다. 여러 시기의 양식과 질료가 뒤섞여 붙은 낡은 주택가, 시간의 흔적이 두껍게 쌓인 거리와 가게, 들쭉날쭉한 가로 조직과 두 사람이 함께 걷기 힘든 좁은 골목길, 숨을 헐떡이게 하는 가파른 경사의 비탈길과 계단이 눈앞에 나타났다. 지도 앱을 켜도 내가 어디로 가고 있는지 알아채기 어려웠다. 복잡하게 뒤엉킨 골목 어디서나 남산과 N서울타워가 보여 이방인의 길잡이가 된다는 걸 깨닫자 겨우 긴장감이 누그러졌다.

생경함이 호기심으로 변했다. 한강대로를 지나는 버스를 타면 특별한 이유 없이 후암동 근처에 내려 낯선 동네를 걷곤 했다. 무작정 걷다 보면 속살이 조금씩 보이기 시작했다. 후암동은 유달리 동 이름을 단 상호가 많다. 시장, 교회, 미용실, 세탁소, 카페, 호프집, 칼국수집, 피아노학원 앞에 예외 없이 '후암'이 붙은 건 그만큼 장소 정체성이 뚜렷하다는 뜻일 테다.

후암동 일대는 1920년대에 일본인들의 고급 거주지로 개발됐다. 외관은 서양풍이고 내부는 일식 목구조로 지은, 이른바 '문화주택'이 유행했다. 골목 곳곳에 남아 있는 하얀 회벽 집들의 정체가 바로 이 적산가옥이다. 이 바탕 위에 해방 이후 상류층 저택들이 추가됐고, 흔히 '빌라'라 불리는 다가구주택과 다세대주택이 1990년대에 밀려들었다. 최근에는 솜씨 좋게 디자인한 협소 주택들이 새 풍경을 빚어내고 있

후암동 새나라어린이공원.
모두를 환대하는 작은 공원의 힘.

고, 낡은 건물을 감각적으로 고친 로컬 '핫플'이 속속 들어서며 '뜨는 동네'의 반열에 진입하고 있다.

산자락 지형, 느릿한 시간의 흔적, 정겨운 골목 풍경. 관광객들에겐 매력적이지만 주민들에겐 불편하고 낡고 답답한 일상의 환경이다. 그러나 그 속에 파묻힌 작지만 오롯한 빈틈이 후암동의 숨통을 틔워주며 고단한 삶의 현실을 넉넉히 품어낸다. '새나라어린이공원'이라는 이름의 조그만 공간이다. 특이한 삼각형 모양의 작은 공원, 넓은 잔디밭이나 울창한 수목이 있는 건 아니다. 조경가의 손을 거친 세련된 형태도 아니고, 오래된 공원 특유의 복고풍 감성이 있는 것도 아니다. 여느 놀이터에서 볼 수 있는 평범한 놀이기구, 인조 잔디를 깐 좁은 운동장, 가장자리의 앉음벽과 벤치들이 전부다. 하지만 언제나 붐빈다. 아이들 웃음소리가 가득하다. 청소년들은 공놀이와 줄넘기에 시간 가는 줄 모른다. 육아에 지친 엄마들이 수다로 스트레스를 푼다. 그늘 밑은 할머니들 차지다. 동네의 연결망이자 접착제인 작은 공원은 잠시 땀을 식히는 오토바이 배달원도, 주변 식당의 대기 순서를 기다리는 젊은 커플도, 목적 없이 서성이는 나 같은 이방인도 반기며 자리를 내준다.

일간지 지면 한 꼭지에 글을 쓰기 시작한 몇 년 전 여름, 우리를 환대하는 장소와 공간 이야기를 자주 써보자 마음먹었었다. 작은 공원의 너그러운 풍경을 자주 다루지 않은 게 마음에 걸려 내게는 여전히 낯선 동네, 후암동의 작은 공원을 오랜만에 찾았다. 공원 한구석에 앉아 줌파 라히리의 장소 소설 《내가 있는 곳》(마음산책, 2019)을 펼쳤다.* 책을 뒤적이다 한참 졸고 나니 어느새 눅눅한 머릿속이 바싹 말랐다.

---

*　　　이 소설은 46개 장의 제목이 대부분 특정 장소로 이루어져 있으며, 화자의 일상을 둘러싼 장소들을 중심으로 이야기가 펼쳐진다.

함께 쓰는 도시의 우물

¶ 통의동 브릭웰

    경복궁 옆 고즈넉한 골목 안의 한 장소가 '인스타 성지'로 떴다. 편안하면서도 묵직하고 튀지 않으면서도 세련된 건물의 지상층이 뻥 뚫려 있다. 안으로 몇 걸음 들어가면 식물도감을 펼친 듯 작지만 밀도 있는 숲이 등장한다. 우물처럼 깊은 원통형 숲 아트리움 위로 고개를 들면 초현실적인 하늘 풍경이 시야에 들어온다. 이방인의 입장과 시선을 환대하는 숲을 통과하면 서촌의 오랜 시간과 이야기를 담은 '통의동 백송터'가 나온다.

    '브릭웰brickwell'(벽돌우물)이라 불리는 작은 건물의 건축주가 건축가에게 요청한 건 딱 두 가지였다고 한다. "재료는 벽돌, 인근 백송터 자취에 호응하는 이미지." 건축가 강예린과 이치훈(SoA 소장)은 "외피 장식재로서 벽돌이 보여줄 수 있는 최대한의 가능성을

실현해보고자" 했다. 자세히 보고 만져봐야 벽돌임을
알 수 있다. 벽돌 쌓을 때 흔히 쓰는 모르타르 대신 벽
돌 구멍을 관통하는 강철관으로 벽돌을 이어 붙였고,
벽돌과 벽돌 사이에는 줄눈 대신 폴리염화비닐PVC 이
격재를 목걸이 꿰듯 끼워 벽돌 간격에 변화를 줬다.
벽돌을 삼등분해서 두께는 훨씬 얇다. 공예에 가까운
건축. 물결이 일렁이는 듯한 착시가 역동한다. 벽돌
모듈을 조절해 만든 틈과 창으로 자연의 빛과 인왕산
의 풍광이 달려든다.

　　　브릭웰과 어깨를 맞댄 백송터에는 원래 높이
16미터에 둘레 5미터가 넘는 아름드리 백송이 있었
다. 추사 김정희가 중국에서 종자를 가져와 심었다는
말도 전해진다. 30년 전 태풍에 넘어져 밑동만 앙상
하게 남았지만 지역 주민들은 그 주위에 어린 백송 여
러 그루를 심어 정성껏 가꾸고 있다. "옆에 백송 있잖
아요? 백송이랑 싸우지 말고, 백송의 어린 친구가 되
는 상상을 해요. 같이 조금씩 늙어가는…." 건축주의
강한 의지에 건축가는 넉넉한 면적의 공공 정원을 만
들어 개방하는 디자인으로 화답했고, 건축주는 통 크
게 받아들였다. 하늘로 열린 깊은 우물 같은 이 공간
은 정원이기에 앞서 길이다. 말하자면 골목과 백송터
를 연결하는 공공의 통로인 것이다.

　　　누구나 들어가 산책하고 앉아 쉴 수 있는 이 정

통의동 브릭웰.
이방인의 입장과 시선을 환대하는
작은 숲이다. 누구나 들어가
산책하고 앉아 쉴 수 있다.

원은 도시에서 만나기 쉽지 않은 나무들로 빼곡하다. 정원에서 키가 제일 큰 야광나무의 자유분방한 수형이 건물의 절제된 미감을 깨뜨리며 어우러진다. 병아리꽃나무, 국수나무, 가막살나무, 해오라비난초…. 겹겹이 심긴 키 작은 식물들의 이름이 낯설다. 개나리, 진달래, 철쭉이 점령한 획일적 도시 풍경에 대한 비평인 셈이다. 얕지만 넓은 연못은 하늘을 투영해 공간을 확장시킨다.

정원을 디자인한 조경가 박승진(디자인 스튜디오 loci 소장)은 "사유지임에도 불구하고 건축주와 입주자, 동네 사람, 우연한 골목길 탐험자가 이 장소를 함께 가꾸며 쓸 수 있다는 가능성을 경험했다"라고 말한다. 정원을 만드는 동안 놀라운 변화 두 가지가 일어났다고 한다. 하나는 자기 집 옆에서 벌어지는 건축 행위에 심한 반감을 드러내던 동네 사람들의 태도가 백송터로 연결되는 길이 모습을 드러내고 숲처럼 나무가 심기자 급변한 것. 그들이 박카스를 사 들고 왔다. 연대가 싹트기 시작한 것이다. 또 하나의 변화는 새들이 날아오기 시작했다는 것. 정원의 작은 연못은 새들의 동네 목욕탕이 되었고 야광나무는 새들의 동네 맛집이 되었다.

"새에게 좋은 일을 하면 분명히 사람에게도 좋은 일이 벌어질 것"(조경가 박승진)이다. 다양한 생명체가 함께 거주하는 곳만큼 건강한 환경은 없다. "개인의 땅이지만 공공에 열린 장소"(건축가 강예린)인 브릭웰은 함께 지혜롭게 쓰는 도시의 우물이다. 장마가 시작됐다. 깊은 우물 밑 잔잔한 수면에 떨어지는 빗소리를 들어보면 어떨까. 소란한 일상을 잠시 벗어나 다시 통의동으로 걸음을 옮긴다.

브릭웰은 오래된 골목과 백송터를 연결하는
공공의 길이기도 하다.

소통과 연대의 공간

¶ 아모레퍼시픽 신사옥

불벼락 뙤약볕, 잠시나마 불볕더위를 피하며 일상의 도시 경험을 다채롭게 할 수 있는 장소로 아모레퍼시픽 신사옥은 꽤 괜찮은 선택지다. 대기업 본사 건물이라고 미리 위압감을 느낄 필요가 없다. 공항 못지않은 검색을 거쳐야 할 거라고 지레 겁먹을 필요도 없다. 반바지 입고 샌들을 신었다고 주저할 이유도 없다.

서울 지하철 4호선 신용산역과 바로 연결되는 지하층에서 에스컬레이터 한 번만 타면 외부인에게도 개방된 이 건물의 넓고 높은 아트리움이 나온다. 특별한 정문이 없어 사방의 가로 어디에서든 문만 열면 이 아트리움으로 쉽게 들어갈 수 있다. 아트리움은 1층부터 3층까지 하나로 트인 공용 공간이다. 세계 각국 미술관과 박물관의 전시 도록과 자료, 포스터가 2층 구조 서가에 빼곡한 도서관apLAP에서는 시간

텅 빈 아트리움이
환대의 광장 역할을 한다.

가는 줄 모르고 미술 아카이브의 매력에 빠져들 수 있다. 유료이기는 하지만 지하층 미술관APMA에서는 양질의 현대 미술을 감상할 수 있다.

이 초대형 보이드 공간에서 꼭 교양 있는 문화인인 척해야 하는 건 아니다. 누구나 이용할 수 있는 1층과 3층 사이의 아트리움은 일종의 광장이다. 다양한 색상의 나일론을 엮어 만든 1층의 대형 벤치 '집착'(이광호 작)은 이미 친구를 기다리는 약속 장소로 자리 잡았다. 아모레 스토어를 구경하다가 2층과 3층에 널려 있는 세련된 디자인의 테이블과 의자(윤여범, 최형문 작)에서 마음껏 책을 보거나 졸아도 된다. 독서와 휴식이 지루해지면 고개를 들어 천장을 감상하면 된다. 아트리움의 유리 천장으로 쏟아지는 햇살에 5층 공중 정원의 연못 바닥이 겹쳐 빛과 물이 협연한다.

실내의 광장을 충분히 즐겼다면 건물 밖으로 나와 거대한 금속 원판과 얕은 연못이 서로를 비추는 올라퍼 엘리아슨의 설치 작품 〈오버디프닝Over-deepening〉의 환영을 둘러보고, 키 큰 백합나무 100주를 심은 야외 정원을 산책하면 된다. 이면 도로로 몇 걸음 옮기면 이른바 '용리단길'이다. 신사옥 입주 이후 '아모레 효과'에 힘입어 수십 년째 침체됐던 한강로2가와 용산우체국 주변 골목이 변하고 있다. 여느 '뜨는 길'들이 그렇듯 하루가 다르게 힙한 카페와 맛집이 들어서고 있다.

아모레퍼시픽 신사옥은 민간 기업의 사옥이나 업무 공간에서 좀처럼 보기 어려운 교류와 연대의 철학이 시도된 건축이다. 설계자인 건축가 데이비드 치퍼필드가 말하는 "직원뿐 아니라 지역 주민도 편하게 이용할 수 있는 공간"이나 "소통과 유대의 건축"은 듣기에만 그럴듯한 미사여구가 아니다. 메트로폴리스 한복판에서 초고층 거대 건축의 욕망에 사로잡히지 않고 속이 텅 빈 건축을, 개방형 공유 공간을 존중한 건축주의 태도 또한 높이 평가할 만하다.

이 건물에 담긴 공공적 가치의 핵심은 마치 광장처럼 비운 초대형 아트리움이지만, 더 큰 매력은 또 다른 텅 빈 공간 세 곳에 있다. 5층, 11층, 17층에 과감하게 배치한 세 개의 공중 정원은 도시 건축의 백미다. 각각의 공중 정원에는 조경가 정영선(조경설계 서안 소장)과 박승진(디자인 스튜디오 loci 소장)의 단순하면서도 섬세하고 정갈하면서도 강한 디자인이 유감없이 발휘되어 있다. 박승진이 추구해온 "콘텍스트와 패턴 사이"의 조경이 명료하게 드러난다.

세 개의 공중 정원이 숭고한 감응을 불러일으키는 것은 상상의 한계 그 이상으로 다가오는 도시의 풍광 때문이다. 5층 정원에서 조감할 수 있는 용산 미군기지의 풍경에 용산공원의 미래가 오버랩된다. 지

© 양해남

아모레퍼시픽 신사옥.
텅 빈 공중 정원들이
도시 경관을 초대한다.

상상의 한계
그 이상으로 다가오는
서울의 풍광.

ⓒ 양해남

난 20년간 그려온 여러 버전의 용산공원 계획안보다 훨씬 감동적이다. 11층 정원에서 마주하는 용산 일대와 한강 경관은 다큐멘터리보다 더 생생하게 도시 서울의 민낯과 속살을 보여준다. 북쪽으로 열린 17층 정원의 경관은 글로 표현하기에 역부족이다. 이곳에 서면 남산이 왜 서울의 랜드마크인지 감각적으로 경험할 수 있다.

그러나 매우 아쉽게도, 우리는 이 공중 정원들에 오를 수 없다. 기업 홍보팀의 협조와 안내를 받는 취재나 공식 행사가 아닌 이상, 전망대가 아니라 기업의 업무 공간이자 직원의 휴식 공간인 공중 정원을 개방하지 않는 건 당연할 테다. 하지만 잡지사의 공식 취재차 방문했을 때 경험한 감동을 연구실 학생들과 함께 간 답사에서는 전달할 수 없어서 몹시 안타까웠다. 소통과 연대의 공간을 통해 기업의 사회적 책임을 실천하고자 한다면, 조금 더 섬세한 지혜를 발휘할 수도 있지 않을까. 어느 요일의 특정한 시간대에 한해 제한적으로라도 공중 정원을 개방하면 어떨까. 일주일에 한두 번 정도라도 가이드 투어 프로그램을 제공하는 방법도 있을 것 같다.

공유 정원의 실험

¶ 타임워크명동 녹녹

정원은 도시인의 영원한 로망이다. 실현하기 힘든 꿈의 뿌리는 인류의 첫 정원, 에덴을 향한 노스탤지어일지 모른다. 모든 것이 저절로 주어진 낙원에서 추방된 뒤, 그곳으로 돌아가고픈 갈망이 여러 갈래로 흩어져 쌓인 흔적이 곧 정원의 문화사일 테다. 볼테르는 "우리의 정원을 가꾸어야 한다"는 선언으로 《캉디드》를 끝맺는다. 가꿈, 즉 돌봄을 강조하는 이 문장을 이어받아 《정원을 말하다》(나무도시, 2012)의 저자 로버트 포그 해리슨은 정원사로서 인간의 소명을 이야기한다. "정원은 인간의 조건, 즉 인간이 인간다울 수 있도록 하는 소양을 배양하는 장"이다.

하지만 현실의 도시 생활에서 정원을 소유하고 경작하는 건 불가능에 가깝다. 현대 도시의 생명줄인 밀도와 복합, 자본이 정원에 땅을 허락하지 않는다.

© 유청오

공유 정원 녹녹에서는
'내 집 정원 없이 누리는 정원 있는 삶'의
실험이 펼쳐진다.

그럼에도 우리는 정원을 도려낸 도시에서 다시 정원을 애도한다. 쇠락한 동네의 좁은 골목 빈틈마다 놓인 작은 화분들, 그것은 정원의 상실에 대한 애절한 헌화에 다름 아니다. '플랜테리어'라는 괴명의 실내 장식이 유행하는 건 그러한 헌화의 상업적 버전이며, 여러 도시가 앞다퉈 정원박람회를 개최하고 '정원도시'를 선언하는 기현상은 정치적 변용이다.

　　정원에 대한 동경이 명멸해온 장소로 도시 곳곳의 옥상을 빼놓을 수 없다. 근대 건축의 발판이 된 철근콘크리트 구조는 수평 지붕을 가능하게 했고, 마침내 옥상이 도시 건축의 보편적 문법 중 하나로 자리잡았다. 일찍이 건축가 르코르뷔지에는 옥상 정원의 의의를 "잃어버린 지면의 회복"이라고 말했다. 옥상에 정원을 결합하기 위한 한 세기 넘는 갖은 노력에도 불구하고 옥상을 지면처럼 회복하기란 쉬운 일이 아니었다. 식물의 거주에 적합한 토심 확보, 하중 문제, 배수와 방수 처리, 관리를 위한 노동과 비용 등 곤란한 점이 만만치 않다. 더 큰 난맥은 평범한 도시인이 소유하거나 접근할 수 있는 옥상이 거의 없다는 점이다.

　　"내 집 정원 없이 누리는 정원 있는 삶"을 표방하는 '공유 정원'이 도심 한복판 옥상에서 실험되고 있다. 서울 중구 롯데백화점 맞은편에 자리한 타임워크명동 7층 옥상의 300평 남짓한 정원 '녹녹'이다. 입

ⓒ 최영준

여러해살이풀들이
아홉 계절마다 다른 경관을 생성한다.

주자들만 사용하는 옥상 정원이 아니다. 주중과 주말 모두 대중에게 개방되지만, 공원 형식의 공공 서비스 공간은 아니다. 공유 주거, 공유 사무실, 공유 주방처럼 정원 수요를 공유 경제와 결합해 수익을 내는 비즈니스 모델인 셈이다. 조경가(서울대 최영준 교수)가 설계한 공간을 스타트업 정원 플랫폼(앤로지즈, 대표 조영민)이 건물주와 계약을 맺고 유지 관리 및 위탁 운영하는 방식이다.

녹녹의 가장 큰 특징은 정원의 소유 대신 정원의 경험을 제공한다는 점이다. 그래서 녹녹에서는 다양한 프로그램이 가동된다. 산책과 휴식은 누구든 언제나 가능하지만, 원하는 프로그램에 참여할 때는 비용을 지불한다. 고층 건물들에 파묻힌 초현실적 공중 정원에서 열리는 식물 장터, 가드닝 수업, 요가 수업, 선셋 훌라 수업, 가든 디제잉, 책 소풍, 겨울새 밥상 차리기 같은 다채로운 행사가 큰 호응을 얻고 있다.

이 정원의 경험에는 노동이 빠져 있다. 가꾸고 돌보는 경작의 즐거움을 장소의 향유가 대신한다. 그럼에도 이 정원이 생명과 생동의 미감을 발산하는 건 면밀한 탐구에 기반한 조경 설계 덕분이다. 조경가 최영준에게 디자인의 핵심을 묻자 '염려'라는 의외의 단어가 돌아왔다. "식물에 대한 책임감이 설계의 출발점이었다. 비유하자면 사람으로 치면 고시원 원룸 못지

않게 열악한 환경에서 과연 식물이 행복하게 거주할 수 있을지" 걱정의 끈을 놓지 않았다고 한다. 그래서 생태적 연결성이 취약하고 토심을 거의 확보할 수 없으며 배수 조건도 미비한 옥상 환경에서 생육할 수 있는 식재를 골라 조합했다. 미기후와 일조량에 따라 공간을 구분하고 수종을 그룹화했다. 이런 설계 원칙에 따라 정원에 거주하게 된 식물은 주로 여러해살이풀이다. 얕은 토심에서 자랄 풀들의 질감과 볼륨이 옹색하지 않도록 다양한 풀을 섞어 패턴을 디자인했다. 그 덕분에 다채로운 숙근초가 계절마다 다른 경관을 생성하며 정원 프로그램들과 중첩된다.

　　내가 녹녹에 올라간 날은 폭염이 절정이었다. 소란한 도시의 공중에 감춰진 비밀 풍경 속으로 걸어 들어가 풀밭 경계에 존재감을 숨긴 작은 의자에 앉았다. 모든 생명을 정지시킬 듯 후끈한 한여름 바람에도 풀이 흔들리고 있었다. 알랭 코르뱅의 책《풀의 향기》(돌배나무, 2020)의 부제가 떠올랐다. "싱그러움에 대한 우아한 욕망의 역사." 미완의 공유 정원 실험실 녹녹이 도시인의 정원 로망에 대한 대안적 응답으로 진화해가길 기대한다.

나무가 주인공인 땅

¶ 대구 미래농원

가을 조경학회가 열린 대구에 하루 먼저 도착한 건 순전히 정원 한 곳을 둘러보기 위해서였다. 대구 금호강 북쪽 교외에 자리한 '미래농원mrnw'이 대구의 신상 핫플로 뜨고 있다. 도심 번화가나 북적이는 '○리단길'에 있는 게 아닌데도 '오픈런'을 해야 한다. 농원이라는 이름처럼 이 땅의 주연은 원래 나무였다. 나무 심고 돌보는 취미를 가진 아버지가 20년간 가꾼 농원을 아들이 물려받아 정원과 전시장, 카페로 구성된 복합문화공간으로 변모시켰다. 용도는 완전히 달라졌지만, 오랜 세월 장소의 주인공이었던 나무들은 그대로다. 도시 공간에서 쉽게 만나기 어려운, 숲에 가까운 밀도와 양의 나무가 이방인을 환대한다.

이곳은 시간이 만들어낸 숲이다. 복합문화공간이 들어서기 전, 정성껏 가꾼 소나무밭에는 6미터 넘

솔밭이 복합문화공간으로 변모했다.
설계의 핵심은
나무들을 그대로 살려 쓴 것.

는 키 큰 소나무가 가득했다고 한다. 감나무, 향나무, 단풍나무, 배롱나무, 무화과나무도 풍성했다고 한다. 새 미래농원을 설계한 조경가 박승진(디자인 스튜디오 loci 소장)은 "수목들을 그대로 살리고 위치를 최소한으로 조정하면서 동선을 짜고 영역을 나누는 게 설계의 핵심"이었다고 말한다. 건축가 강예린과 이치훈(SoA 소장)의 설명도 마찬가지다. "나무가 주인공인 땅에 건축이 자리하는 방법, 즉 자연과 건축이 관계하는 방식을 고민하는 일이 설계의 시작점이었다."

견고한 경계 안에 담긴 경이로운 정원이다. 밖에서 보면 옅은 분홍색 콘크리트 담과 건물 벽이 폐쇄적인 느낌을 주지만, 좁은 입구를 지나면 잘생긴 감나무 두 그루와 노란 모감주나무가 내밀한 정원으로 발걸음을 이끈다. 어수선한 주변 경관과 도로의 소음을 높은 담과 수벽으로 차단한 소나무 숲. 이 숲에 들어오면 상상하지 못한 환상의 세계가 펼쳐진다. 마치 판타지 영화 속으로 깊숙이 들어가 길을 잃은 듯한 착각이 든다.

공간이 중첩되면서 계속 연결된다. 옛 미래농원 소나무밭 속에 타원형과 직사각형 건물 두 동을 새로 지었는데 전시장으로 쓰는 타원형 건물은 규모와 수종이 똑같은 쌍둥이 중정을 대칭으로 품고 있고, 직사각형 건물의 중앙은 타원형 중정이다. 인스타그램

지면에서 하늘까지 뚫린 광창으로
자연의 빛이 내린다.

에 '#미래농원'으로 검색하면 쏟아지는 사진들이 바로 이 시그니처 공간에서 찍은 것들이다. 지면부터 하늘까지 뻥 뚫린 광창으로 자연의 빛이 내린다. 건물에 엮인 텅 빈 중정이 아버지의 옛 정원과 빽빽한 솔숲 정원으로 연결된다. 넓지 않은 실내 공간이 외부의 숲으로 확산되면서 공간감이 극대화된다.

스치는 자연이 아니라 머물며 감각하는 자연이다. 땅의 주인공이었던 소나무들을 거의 그대로 남긴 정원은 화려한 장식으로 시선을 붙잡지 않는다. 거칠고 울퉁불퉁한 질감으로 공감각을 자극한다. 직각으로 교차하는 날렵한 철재 브리지가 거친 솔숲 사이를 가로지르며 산책길을 만들어낸다. 지면에서 떠 있는 이질적 물성의 동선이 공간에 깊이와 자유를 준다. 느릿하게 해찰하다 머무를 의자가 풍성하다. 옛 헛간에 놓인 의자에 몸을 기대면 솔숲을 가득 덮은 하늘과 구름을 하염없이 바라볼 수 있다.

전시와 공연, 식음 기능을 묶은 복합문화공간이 곳곳에 들어서고 있다. 복합문화공간은 부산의 F1963, 인천의 코스모40, 서울의 문화비축기지처럼 수명을 다한 공장, 버려진 창고, 폐기된 산업시설의 구조와 재료를 되살려 쓰는 재생 건축 형식을 취하는 게 대세다. 이런 흐름에 레트로 열풍까지 가세해 크고 작은 상업 건축에서도 이제 재활용이 불문율처럼 여겨지거나 장식적으로 모방되기도 한다. 반면 대구 미래농원은 수목을 그대로 살려 쓰고 건물을 새로 지었다는 점에서 이채롭고 신선하다.

미래농원은 개방된 개인 정원이다. 하지만 많은 방문자에게 장소의 기억과 시간의 흔적이 압축된 자연을 경험하게 해준다는 점에서 공공 정원의 가능성도 지닌다. 도심에서 멀고 커피값을 지불해야 함에도 미래농원의 솔숲 정원으로 젊은 세대가 몰려드는 이유는 무엇일까. 그들의 후기를 보면 단지 근사한 인스타용 사진을 건질 수 있기 때문만은 아니다. "'오래된 미래' 농원의 자연이 주는 위로와 여유에 MZ 세대가 공감하는 것 같다"고 조경가 박승진은 말한다.

아쉽게도, 한 필지 건너편 '괄호의 정원'을 산책하지 못하고 돌아왔다. 아버지의 농원 시절에 뒷밭이라 불리던 이곳은 옛 숲에 목재 덱과 작은 수조, 야생화로 최소한의 질서만 새로 부여한, 정원 안의 정원이다. 겨울이 시작되기 전에 다시 대구에 갈 구실이 생긴 셈이다. 그때는 탐사의 촉을 내려놓고 뒷밭 향나무 숲 빈 의자에 몸을 맡긴 채 시간을 한껏 잃어볼 생각이다.

공원의 의자

¶ 노들섬, 뉴욕 브라이언트 공원

도시의 고독한 겨울을 나려면 화려한 가을을 마음속에 저장해야 한다. 가장 쉬운 방법은 가을을 가로질러 공원을 걷는 것. 걷기는 시간을 우아하게 잃는 일이다. 걷다 보면 계절이 거침없이 그 속살을 열어 보이지만, 걷는 사람은 계절에 사로잡히지 않는다.

노들섬을 걸었다. 노들섬 산책은 어느 계절에나 소박한 일탈을, 자발적 표류를 허락한다. 강바람 맞으며 섬 하단 둔치 길을 걸으면 갈라진 시멘트 틈새에서 자란 야생초가 낯선 산책자를 환대한다. 한강철교와 여의도의 스카이라인이 눈앞에 펼쳐지는 넓고 거친 풀밭에는 가을을 떠나보내기 아쉬운 사람들이 갖가지 자세로 앉아 있다. 하나같이 캠핑용 의자를 챙겨 왔다. 아찔한 물가에, 삐죽한 미루나무 곁에, 풍성한 버드나무 그늘 밑에 늘어놓은 의자에 몸을 맡기고

© 주신하

뉴욕 브라이언트 공원.
의자가 공원을 다시 살려냈다.

그들은 스스로 공원을 완성한다.

공원의 의자는 걷는 사람을 멈추게 한다. 머물게 한다. 의자에 기대앉으면 숨을 고를 수 있다. 느긋하게 다음 걸음을 준비할 수 있다. 하늘을 하염없이 바라볼 수 있고, 기온의 변화를 살갗으로 느낄 수 있다. 빈 벤치에는 오후 한때를 보내고 막 떠난 연인의 이야기가 남아 있다. 어느 고독한 산책자의 체온이 남은 자리가 새 주인을 맞는다.

의자가 다시 살려낸 공원이 있다. 초고층 건물에 둘러싸인 뉴욕 맨해튼의 작은 땅, 브라이언트 공원 Bryant Park이다. 1970년대까지만 해도 뉴요커 누구도 이 공원을 찾지 않았다. 마약과 매춘으로 악명 높던 이 공원은 1990년대 초 변신에 성공한다. 그 동력 중 하나는 의자였다. 쉽게 들어 옮길 수 있도록 가볍고 날렵하게 디자인한 초록색 철제 의자가 공원을 살려냈다. 이곳엔 하루 종일 활력이 넘친다. 3000개의 의자가 주변 직장인, 도서관 이용자, 외로운 노인, 가난한 연인, 고단한 여행객에 의해 이리저리 옮겨지며 그들을 환대하는, 좁지만 소중한 자리가 된다.

파리의 도시 문화를 대변하는 공간적 상징, 뤽상부르 공원 Jardin du Luxembourg은 의자 공원의 원조다. 브라이언트 공원은 '뉴욕의 뤽상부르 공원'이라 불리기도 한다. 브라이언트 공원의 이동식 의자와 같은 페

르몹Fermob 브랜드의 녹색 의자 2000개가 공원에 흩어져 있는 뤽상부르 공원에는 이미 18세기 초부터 이동식 의자가 놓였다. 약간의 사용료를 받는 의자 임대업이 번성한 적도 있다고 한다. 1990년부터 쓰인 지금의 초록 알루미늄 의자는 이제 파리의 아이콘이 되었다. 나무 그늘 밑이든 잔디밭 한복판이든 분수대 옆이든, 누구나 자기가 원하는 곳으로 의자를 들고 가 나만의 온전한 시간과 공간을 만들 수 있다.

도시를 걷다 마음 편히 앉아본 적이 있는가. 화려한 가로뿐만 아니라 그 많은 '핫플' 골목길 어디에도 눈치 안 보고 잠시 머무를 나의 자리가 없다. 카페에 아메리카노 한 잔 값 내지 않는 한, 편의점에서 생수라도 사지 않는 한 잠시라도 머물 곳을 찾기 힘들다. 내 마음대로 쓸 수 있는 의자는 의외로 공원에도 많지 않다. 자기 의자를 가져가지 않는 한, 걷기를 멈추고 숨을 돌릴 수 있는, 쪽잠을 즐길 수 있는, 일상의 노을을 즐길 수 있는 나의 자리가 공원에조차 없다.

앉을 곳 많은 도시가 걷기에도 좋은 도시다. 걷기는 도시에 자유를 주고, 앉기는 여유를 준다. 편하고 즐겁게 걸을 수 있는 길이 좋은 도시의 필요조건이라면, 여유롭게 앉아 쉴 수 있는 공원은 충분조건이다. 의자가 공원을 살릴 수 있다. 의자 몇 개면 도시의 곳곳을 공원처럼 쓸 수 있다.

오래 머무르는 공원,
도시의 라운지

¶ 오목공원

공원에 지붕이 있다. 넓은 지붕 그늘에서 편안한 의자에 몸을 맡기고 반나절을 보냈다. 개장 첫날 공원에 가본 건 처음이다. 서울 양천구 목동 중심부의 오래된 동네 공원이 옷을 갈아입었다. 30년 넘는 시간을 겪으며 높게 자란 나무들 사이를 통과하면 산뜻하고 날렵한 디자인의 백색 구조체가 모습을 드러낸다. 사방이 길이 150미터인 정사각형 공원 부지 중앙에 놓인 가로세로 53미터의 정사각형 회랑이다. 오목하게 살짝 낮춘 잔디마당을 둘러싼 회랑은 널찍한 길이자 넉넉한 지붕이다. 비와 눈을 피할 수 있다. 그늘을 누릴 수 있다. 회랑 상부는 공원의 풍성한 숲과 도시 풍경을 한눈에 조망할 수 있는 공중 산책로다.

1989년에 만든 '오목공원'은 백화점과 방송국 건물, 여러 상업·업무시설에 둘러싸여 있고 지하철역

회랑 하부는 안온한 쉼터,
상부는 공중 산책로다.

양천구청 제공

도 가깝다. 다양한 연령대의 동네 주민, 주변의 직장인과 학생들로 북적이는 멀티플레이어 공원으로 쓰여왔다. 하지만 조성 당시와 크게 달라진 공원 이용 패턴과 라이프스타일을 담아내기엔 부족한 면이 적지 않았다. 양천구는 목동의 다섯 개 근린공원을 고쳐 쓰는 계획을 세웠는데, 파리공원에 이어 오목공원 1단계 리노베이션 프로젝트가 마무리됐다.

라운지. 새 오목공원 디자인 설명서에서 눈길을 사로잡는 단어다. '공공 라운지'라는 공간 프로그램을 공원에 삽입하는 게 설계의 핵심이다. 설계자인 조경가 박승진(디자인 스튜디오 loci 소장)과 공원을 산책하며 라운지의 의미를 물었다. "로비가 서성이는 공간이라면, 라운지는 앉아서 떠드는 장소다. 공원은 일하러 오는 데가 아니다. 운동만 하는 곳도 아니다. 공원은 편하게 앉아 오래 머무르며 품위 있게 쉴 수 있는, 도시의 라운지(여야 한)다."

옛 공원의 바탕과 틀을 살리면서 두 가지 라운지를 삽입했다. 하나는 '회랑 라운지'다. 장식을 철저히 배제해 오히려 공간감이 돋보이는 회랑 하부에 의자와 테이블을 넉넉하게 흩어놓았다. 육중하고 둔탁한 전형적인 벤치가 아니다. 사용자가 쉽게 옮겨 마음대로 배치를 바꿀 수 있는 의자다. 공원용 평벤치가 아니고 등을 기대고 팔을 걸 수 있는 의자라 일어나기가 싫다. 웬만한 1인용 소파보다 편하다. 회랑 아래 공간에는 작지만 알찬 전시실, 책방, 꽃집도 있다. 회랑 위로 올라가면 공원 2층이 넓게 펼쳐진다. 경쾌한 철제 의자와 테이블이 공원 산책자의 걸음을 붙잡는다. 멍하니 넋 놓고 구름을 관찰하거나 노을을 감각하기에 그만이다.

다른 라운지는 숲속에 있다. 건물 4층 높이까지 자란 나무 대부분을 그대로 두고 소교목과 관목, 초화류로 하층 식생을 보강해 숲의 양감이 훨씬 커졌는데, 그 사이사이에 '숲속 라운지'를 삽입한 것이다. 오래된 바탕 위에 간결한 디자인을 추가해 공간의 뼈대를 다시 빚어냈다. 목재 덱 위에 놓은 이동식 의자와 테이블이 '힙'한 카페들 가구 못지않다. 옛 숲과 새 공간이 포개져 시간감이 두텁다. 나만의 비밀 아지트인 양 발을 뻗고 초능력 히어로물 〈무빙〉을 보다가 평화롭게 좋았다.

가을이 도착한 공원에서 오후와 저녁을 보냈다. 개장 첫날이지만 빈 의자를 찾기 어렵다. 풀밭의 폭신한 감촉을 마음껏 즐기는 아이들, 처음 만났음에도 수다의 물꼬를 튼 엄마들, 손녀의 자전거를 밀어주는 젊은 할아버지, 반려견과 함께 석양을 마주한 패셔니스타 할머니, 상기된 표정으로 2인용 의자에 앉은 고등학생 커플, 상가 분양 전단을 펼쳐놓고 토론을 벌

지붕이 넓고 의자가 많은 도시의 공공 라운지.
그늘 밑 편안한 의자에 몸을 맡기고
오래 머무를 수 있다.

이는 동네 친구들. 참 다양한 이들이 도시의 작은 라운지에 머물렀다. 밤이 되자 학원 수업을 마친 학생들이 회랑 안쪽 마당을 대각선으로 달리며 잠깐의 해방감을 맛본다. 어느 연인의 대화를 엿들으니, 회랑 2층 산책길 덕분에 공간이 두꺼워졌다는 꽤 전문적인 공원 디자인 품평을 나눈다.

　　모두의 라운지, 새 오목공원의 매력에 꼭 맞는 공간론으로 '제3의 장소'라는 개념이 있다. 도시사회학자 레이 올든버그는 집과 일터만 오가는 틀에 박힌 도시 생활에 제3의 장소가 필요하다고 말한다. 가정(제1의 장소)과 직장(제2의 장소)에 묶인 갑갑한 일상에서 잠시 벗어나 지나치게 간섭하거나 과한 관심을 보이지 않는 사람들과 자연스럽게 만나 교류하며 소소한 재미를 느끼는 곳, 이를테면 단골 술집과 카페, 독립서점, 공원 같은 곳이 제3의 장소일 테다. 올든버그에 따르면 제3의 장소에서 "목적 없는 접촉이 만들어내는 비공식적 공공 생활"은 건강한 시민사회의 기반이다. 번역서 《제3의 장소》(풀빛, 2019)의 원제는 '정말 좋은 장소The Great Good Place'다.

모두의 밭,
건강하고 아름다운 생산공원

¶ 괴산 뭐하농

아까운데⋯. 대학원을 졸업하고 연구소에 근무하던 제자가 귀농을 결심했다는 소식을 들었을 때 든 첫 느낌이다. 공감과 응원의 박수를 보냈지만 내심 안타까웠다. 그는 조경가로 활동하던 남편과 함께 충북 괴산군 감물면으로 내려가 유기농 표고버섯 농사를 시작했다. 낯선 농사일이 조금씩 익숙해졌고 버섯 품질에 대한 호평도 얻었다. 서울의 고된 일상에선 누릴 수 없던 기쁨과 즐거움이 찾아왔다. 하지만 너희가 아깝다는 지인들의 반응은 달라지지 않았다고 한다. 그래서 귀농 3년을 넘어서던 2020년, 청년 농부 여섯 명이 힘을 합쳐 농업 문화 플랫폼 '뭐하농'을 창업했다. 농사의 가치와 농촌 라이프스타일의 매력을 더 널리 알리고 나누기 위해서였다.

겨울 끝자락의 고즈넉한 풍경 속에 새봄의 활

© 뭐하농

농업문화공원 뭐하농하우스.
건물 바깥의 팜가든은 동반식물을
생태적으로 경작하는 생산공원이다.

력이 꿈틀대는 괴산 뭐하농에 다녀왔다. '뭐 하는 농부들'을 뜻하는 뭐하농은 농업회사법인의 명칭이지만 팜가든, 채소 디저트 카페, 로컬 디자인 편집숍, 농부 도서관, 공유 창작소, 공유 주방을 아우르는 복합 문화공간의 이름이기도 하다. 코로나 시대를 통과하며 뭐하농은 농업의 가치를 교육과 문화 콘텐츠로 확장하기 위해 정말 뭐든지 다 했다고 한다. 카페와 공간 운영, 귀농과 귀촌 교육, 농촌 축제 기획, 농업 문화 프로그램 컨설팅, 굿즈 디자인과 제작, 폐기된 과일을 활용한 비누 생산까지 다양한 사업을 펼쳤다. 행정안전부의 '청년마을' 사업에 선정돼 두 달 살기 프로그램을 운영하며 예비 농부들을 길러내는 성과도 거뒀다. 종횡무진 펼친 활동의 중심에는 "함께 살아가는 일에 가치를 둔다. 즐겁게 사는 사람들이 만드는 지속 가능한 공동체를 지향한다. 농부의 영역을 확장한다. 사람과 자연을 건강하게 하는 일에 힘을 쏟는다"는 원칙이 있었다.

언론과 인스타그램을 통해 이미 널리 알려진 시그니처 공간은 '뭐하농하우스'다. 괴산의 농부들이 기른 제철 채소와 과일만 쓰는 디저트 카페로 유명해졌지만, 사실 카페보다는 공원이라는 표현이 더 적절하다. ㄷ자 형태로 지은 투명한 건물 사이로 바깥 들판을 그대로 들여왔다. 건물과 자연의 경계가 흐릿한

© 뭐하농

뭐하농의 여섯 농부.
왼쪽부터 정찬묵, 김진민, 김지영, 임채용,
이지현(대표), 한승욱(이사).

이 공간은 여러 세대가 함께하는 지역 커뮤니티의 사랑방이자 청년 농부들의 교실이며, 파티와 공연이 열리는 소극장이자 도시 아이들의 일일 놀이터이기도 한 멀티플레이어 공원이다. 내가 방문한 날은 몹시 추웠지만 예리한 겨울 햇살이 넓은 천창으로 쏟아져 꼭 작은 식물원 온실에 온 것 같았다.

　　뭐하농의 농부들은 "뭐하농의 심장은 팜가든"이라고 말한다. 뭐하농 단지 한가운데 조성한 팜가든은 자연 순환 농법을 기반으로 한 정원형 농장이다. 채소, 허브, 꽃을 함께 심어 생태적으로 상생하면서 아름다운 경관도 연출하는 식재 디자인 모듈의 실험장이기도 하다. '동반 작물companion plants'을 심기 때문에 농약과 화학비료를 쓰지 않아도 된다. 예를 들어 "비트와 루콜라를 함께 심으면 루콜라의 매운 향기가 달콤한 비트 잎을 감춰줘 야생동물로부터 보호받는다. 잎의 생장 시기와 속도가 다르고 뿌리의 크기도 달라 서로 생장에 방해가 되지 않는다. 비트 잎의 망간과 철 성분이 거름 역할을 해 루콜라가 건강하게 자랄 수 있다"고 한다. "바질과 토마토를 같이 심으면 바질의 향이 토마토를 괴롭히는 벌레를 쫓고, 바질 향에 지지 않으려고 토마토는 당도를 높인다. 바질은 잉여 수분을 잘 흡수해 비에 약한 토마토가 잘 자랄 수 있다"고 한다.

한 해의 새로운 경작과 생산을 준비하고 있는 겨울 팜가든을 거닐며 정원의 원형적 의미를 다시 떠올렸다. 《세컨 네이처》(황소자리, 2019)의 저자 마이클 폴란이 말하듯, "정원은 문화적 자연이다." 정원을 가꾼다는 건 자연을 정복하거나 신비화하는 행위가 아니라 노동을 통해 문화를 경작하는 활동이다. 정원은 자연 소품의 장식장이 아니다. 생태적 순환과 상생을 바탕으로 식물을 경작하는 뭐하농의 팜가든에는 생산 경관의 미학이 짙게 배어 있다.

뭐하농 시즌 2의 목표는 "모든 이들이 '간지 나는 농부'로 살 수 있도록 하는 것"이라고 한다. 도시의 회사원도 일상의 어느 때엔 즐거운 농부적 삶을 누릴 수 있는 장을 마련해준다는 계획이다. 우선 팜가든을 1000평 규모로 확장해 '모두의 밭'으로 전환하고, 언제든 와서 함께 경작하고 수확할 수 있는 커뮤니티 운영을 시작한다고 한다. 밭에 모여 신나게 땀 흘리며 놀아보자는 것. 나는 '모두의 밭'을 건강하고 아름다운 생산공원이라고 부르고 싶다.

코로나 시대의 공원

¶ 광교호수공원

걸어야 도시다. 소파와 하나 되는 주말 오후의 소중한 습관을 깨기로 했다. 몸을 일으키면 걷게 되는 법. 외출을 자제해야 하는 상황이었지만, 낮 기온이 초여름 못지않았던 코로나 시대의 봄, 광교호수공원에 다녀왔다. 세상에, 이렇게 많은 사람이 공원을 걷고 있다니. 한 바퀴 도는 데 한 시간 넘게 걸리는 원천저수지 산책로를 희고 검은 마스크 쓴 인파가 줄지어 걷고 있었다. 무표정한 마스크만 없었다면 감염병에 움츠린 흉흉한 도시의 한 장면이라고 믿기지 않을, 봄날 오후 세 시의 공원 풍경. 활기가 넘쳤다.

신도시 한복판에 자리한 광교호수공원(신화컨설팅 설계)은 섬세한 설계로 이름난 공원이다. 높고 낮은 여러 갈래 산책로가 서로 엮이고 엇갈리며 수변을 따라가는 디자인이 일품인데, 주말 호숫가에는 이런 디

광교호수공원.
위로를 찾아 공원으로 떠난
코로나 시대의 도시인.

테일을 알아채기 어려울 정도로 산책자가 많았다. 좁은 집 안에 갇힌 이들, 낯선 재택근무에 당황한 이들, 비자발적 금주에 적응하지 못한 이들, '확찐자'라는 냉소적 유행어에 공감하는 이들, 개나리 만발한 봄이 왔으나 학교에 갈 수 없는 아이들로 공원은 여느 해의 평온한 봄보다 훨씬 더 북적였다.

이 공원에는 산책자를 환대하는 다양한 디자인의 의자가 참 많지만, 이날만큼은 빈 의자를 찾기 어려웠다. 갈 곳 없는 노인, 누군가와 함께 있음을 느끼고 싶은 싱글, 사회적 거리를 거부하는 다정한 연인, 기꺼이 사회적 거리를 두는 초로의 부부, 마스크 너머로도 화목한 표정이 번지는 가족, 교복 대신 후드티로 통일한 청소년 무리, 마음먹고 소풍 나온 외국인 노동자 그룹. 격리와 고립의 시절을 함께 통과하는 우리 모두가 공원 곳곳의 의자에 몸을 맡긴 채 바이러스에 감염된 도시를 잠시나마 잊고 있었다. 공원의 공기는 신선하고 햇빛은 건강할 것이라 믿으며.

여러 신문과 방송이 새롭게 부각된 공원의 존재감을 다루고 있다. 해외 매체들도 다르지 않다. 2020년 3월 19일자 〈뉴욕타임스〉는 "뉴요커가 집에서 벗어날 수 있는 유일한 곳, 공원이 희망이다"라는 기사에서 센트럴파크에 몰린 시민들의 목소리를 담았다. 제목처럼 조금은 호들갑 떠는 어조이긴 하지만,

불안과 공포에 휩싸인 도시인들이 공원에서 얻는 위안과 안전감이 생생히 전달된다. 이탈리아와 스페인처럼 상황이 심각한 유럽의 몇몇 도시에서는 공원의 문마저 닫혔지만, 영국을 비롯한 여러 나라의 매체들은 2미터의 사회적 거리만 지킨다면 공원은 신체적, 정신적 건강의 위기를 치유하는 공간적 백신이 될 수 있다는 의견을 전한다.

잘 알려진 것처럼, 공원은 근대 도시의 산물이다. 19세기의 급속한 산업화가 낳은 도시 인구의 폭증과 과밀, 빈부 격차와 노동자의 여가 문제, 위생 악화와 전염병 유행 등을 치료하는 '공간적 해독제'로 투입된 게 공원이다. 센트럴파크를 설계한 프레더릭 로 옴스테드는 공원이 열악한 도시 위생을 개선하고 시민의 건강을 회복시킬 수 있다는 비전을 펼쳤다. 160년이 지난 오늘, 오랫동안 잊혔던 공원의 이 고전적 효능이 새롭게 재발견되고 있다. 우리는 스마트 도시를 꿈꾸고 있지만, 질병은 여전히 도시와 한 켤레다. 안전과 위로를 찾아 공원으로 탈출하는 코로나 시대의 도시인은 불확실하고 불완전한 도시의 숙명을 반증한다.

재난사회학자 에릭 클라이넨버그는 《도시는 어떻게 삶을 바꾸는가》(웅진지식하우스, 2019)에서 위험과 고립을 넘어서는 연결망으로서 공원이 지닌 가능성에 기대를 건다. 공원은 위기와 재난을 극복하는 관계와 소통의 장소, 곧 희망의 '사회적 인프라'라는 것이다. 광교호수공원을 가득 메운 사람들의 처연한 행렬, 그 역설적 풍경의 잔상이 사라지지 않는다. 크지만 먼 공원도, 작지만 가까운 공원도 더 많이 만들어야 한다.

공원은 위험과 고립을 넘어서는
사회적 인프라이자
위기와 재난을 극복하는 연결망이다.

감염 도시의 공원 사용법

¶ 뉴욕 도미노 공원

.

    초록 잔디밭에 새긴 하얀 원에 갇혀 공원을 즐기는 사람들. 드론으로 찍은 이색적인 조감 사진의 잔상이 머릿속을 떠나지 않는다. 국내외 여러 매체가 앞다퉈 보도한 이 화제의 장면을 두고 "공원의 인간 주차장"이라는 촌평이 잇따랐다. 사회적 거리 두기를 유도하기 위해 백색 분필 페인트로 그린 지름 8피트(약 2.5미터)의 원형 띠 안에서 미리 역할을 나누기라도 한 듯 휴식, 일광욕, 연애, 피크닉, 운동, 독서, 사색에 열중하는 뉴요커들의 모습. 아마도 코로나 시대가 낳은 가장 역설적인 도시 풍경의 하나로 기억될 것 같다.

    뉴욕 현대미술관MoMA의 벽 하나를 내줘도 손색없을 이 조감 사진은 초현실적인 시절을 현실적으로 살아내야 하는 역설의 기록이다. 같은 규격의 원이지만 그 안에서 일어나는 행동은 제각각이다. 다이버

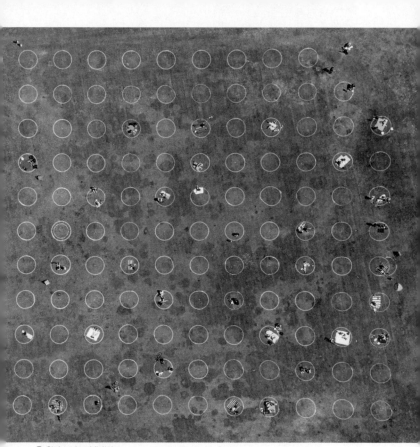

© Christopher Michel

샌프란시스코 돌로레스 공원.
초록 잔디밭에 새긴
하얀 원에 갇혀 공원을 즐기는
역설의 도시 풍경.

용 모자에 공기 여과기까지 달린 마스크를 쓰고 정자세로 앉아 책을 읽는 사람, '홈트' 어플을 켜놓고 유연성 강화 운동에 심취한 레깅스족, 절절한 고독이 묻어나는 표정으로 원의 경계선을 따라 걷는 중년, 마스크는 물론 웃옷까지 벗어던지고 햇볕에 몸을 맡긴 커플, 원 하나에 네 명 이하라는 규칙을 어기고 일곱 명이 빼곡 모인 10대 피크닉 그룹, 좁은 피크닉 보자기에 누워 나른한 오후를 즐기는 연인, 아이의 걸음마에 바이러스의 공포를 잊고 마냥 흐뭇하기만 한 부부. 여느 공원에서 흔히 볼 수 있는 전형적인 행동들을 잘라 붙인 한 장의 콜라주처럼 보인다.

원형 '인간 주차장'이 줄맞춰 배열된 이 공원은 2018년에 개장한 뉴욕 브루클린의 새로운 핫 플레이스, 도미노 공원Domino Park(JCFO 설계)이다. 맨해튼에서 브루클린 방향으로 윌리엄스 브리지를 건너다보면 높은 굴뚝이 인상적인 노후한 갈색 벽돌 건물과 '도미노 슈거Domino Sugar' 사인이 시선을 붙잡는다. 이 건물 바로 앞 강변을 따라 들어선 도미노 공원은, 1856년에 세워져 '설탕 제국'이라 불리며 2004년까지 가동된 뒤 방치된 도미노 설탕공장 일대를 재생하는 사업의 촉매제로 투입됐다. 도미노 공원은 브루클린 탈산업 경관 특유의 거친 미감을 만끽하며 이스트강 너머 맨해튼 스카이라인의 석양을 감상할 수 있는 낭

위키미디어 커먼즈 제공

팬데믹 시대를 거치며
우리는 공원의 가치와 역할을
재발견했다.

만의 명소로 순식간에 떠올랐다. 불과 몇 달 전 가을처럼 이 공원을 마음껏 거닐면서 윌리엄스버그 브리지를 사랑한 소니 롤린스의 재즈 색소폰을 들으며 난만한 햇살과 강바람에 취할 수 있는 날은 언제쯤 다시올 것인가.

서른 개 원 안에 펼쳐진 도미노 공원의 진풍경을 영상에 담은 한 저널리스트는 이렇게 말한다. "오늘 찍은 비디오를 2019년에서 온 누군가에게 보여주면, 실재하는 현실이 아니라 디스토피아를 다룬 할리우드 텔레비전 쇼의 한 장면이라고 여길 것이다." 도미노 공원에 분필로 새긴 동그라미가 등장한 지 사흘만에, 따뜻한 햇볕과 평화로운 언덕으로 이름난 샌프란시스코 미션 지구의 돌로레스 공원Dolores Park도 똑같은 땡땡이 무늬 새 옷을 입었다.

전 세계의 크고 작은 공원들이 유례없는 인파로 북적이고 있다. 유럽 남부의 무더위가 시작되고 서구 여러 국가의 봉쇄령이 완화되면서 해변과 공원에서는 이미 사회적 거리 두기가 불가능한 상태라는 외신이 쏟아지고 있다. 부분적으로 경제 활동이 재개된 미국 대부분의 도시에서도 공원과 광장으로 사람들이 몰려들고 있다. 얼마 전 다녀온 성수동의 서울숲은 신선한 공기와 따사로운 봄볕을 갈망하는 마스크 쓴 시민들로 대만원이었다. 호젓한 숲길 산책이나 고즈넉한 숲

그늘 아래에서의 사색은 아예 기대할 수 없었다.

대감염의 장기화와 반복이 전망되고 있는 지금, 우리는 공원의 가치와 역할을 새삼 재발견하고 있다. 도미노 공원의 사회적 거리 두기를 무기력한 도시의 처연한 자화상이나 위트 넘치는 일회성 퍼포먼스 정도로만 평가해서는 안 될 것이다. 코로나 이전의 도시를 그리워할 것이 아니라, 도미노 공원의 작은 실험처럼 감염된 도시와 슬기롭게 동거할 수 있는 공원 사용법을 하나씩 마련해가야 한다.

다시 옴스테드의
공원론을 떠올리며

2022년 4월 26일은 도시공원의 전형으로 널리 알려진 뉴욕 센트럴파크의 설계자, 프레더릭 로 옴스테드Frederick Law Olmsted의 200번째 생일이었다. 센트럴파크뿐 아니라 미국 전역의 여러 도시에 대형 공원과 공원녹지 시스템을 구현한 옴스테드. 그는 도시 혁신의 기치를 내걸고 조경造景, landscape architecture이라는 이름의 전문 직능을 세운 선구자였을 뿐 아니라 도시 사상가이자 사회 개혁가였다. 옴스테드 탄생 200년을 맞아 다채로운 전시회와 강연회가 줄을 이었고, 그의 도시 철학과 공원관을 재해석함으로써 동시대 도시가 처한 기후 위기와 팬데믹, 공간적 불평등에 처방전을 구하는 학술대회도 연이어 열렸다. 옴스테드의 생애와 업적을 갈무리한 다양한 아카이브도 구축되어 이제 클릭 몇 번이면 그가 남긴 글과 도면을

센트럴파크 컨저번시 제공

조경가 프레더릭 로 옴스테드가 설계한
뉴욕 센트럴파크.
근대 도시의 공간적 해독제로 기능했다.

누구나 직접 살펴볼 수 있다.

도시공원의 역사는 생각보다 길지 않다. 고대
와 중세의 도시에도 광장, 시장, 묘지처럼 공원과 엇
비슷한 기능을 한 여러 유형의 장소가 있었지만, 넓은
면적의 열린 공유지가 대중의 여가를 위해 공원 형태
로 들어선 건 19세기에 접어들어서다. 공원은 근대 도
시의 발명품이다. 도시공원들은 센트럴파크를 필두
로 급속한 산업화와 도시화가 낳은 인구 폭증과 과밀,
빈부 격차와 노동자의 여가 공간 부족, 위생 악화와
전염병 유행을 치유하는 공간적 해독제로 투입되었
다. 옴스테드의 공원 사상과 그 실천은 도시를 수술하
고 재편하는 이 과정에 결정적 영향을 미쳤다.

상업, 무역, 과학적 영농 등 다양한 경험을 하
며 청년기를 보낸 옴스테드는 1850년 영국을 여행하
면서 공원의 필요성에 눈뜬다. 그는 최초의 시민 공원
으로 알려진 공업도시 리버풀 인근의 버컨헤드 공원
Birkenhead Park을 방문한 뒤 공원은 "'민중의 정원'이자
민주주의의 실천장"이라는 신념을 갖게 된다. 〈뉴욕
데일리타임스〉의 저널리스트로 미국 남부를 취재하
면서 노예제 폐지를 주장하는 다수의 글을 발표하기
도 했다. 네 권의 책을 출간하며 작가로 성장하던 그
는 1857년 센트럴파크 사업의 감독관을 맡았고 이듬
해 열린 센트럴파크 설계공모전에 건축가 캘버트 복

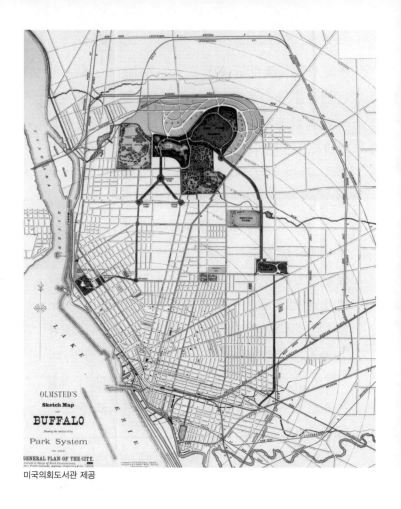

미국의회도서관 제공

옴스테드의 버팔로 공원 시스템 계획안.

스와 함께 출품해 당선된다. '그린스워드Greensward'라는 제목을 단 그들의 제출작은 광활한 녹지와 풍부한 식재, 목가적 경관을 갖춘 동시에 보행과 차량 동선을 입체적으로 분리한 혁신적 설계안이었다. 1873년 완공된 센트럴파크는 지구촌 곳곳 대형 도시공원의 모델로 급속히 전파되고 복제되었다.

옴스테드는 대형 공원 그 이상의 유산을 도시계획에 남겼다. 공원과 공원을 잇는 선형 파크웨이 개념을 창안해 공원과 도시 교통 인프라를 통합하고자 했다. 버팔로 공원 시스템 계획이 대표적인 사례다. 보스턴에는 일명 '에메랄드 목걸이Emerald Necklace'라고 불리는 환상형 녹지 시스템을 구현했다. 공원, 파크웨이, 호수, 초원, 숲을 도시 조직과 연결한 이 계획은 최근 도시계획이 강조하는 그린 네트워크 혹은 그린 인프라의 원조라 할 수 있다.

불안하고 답답한 감염병 시대를 통과하며 우리는 공원의 효능과 가치를 새삼 재발견하고 있다. 오늘도 우리는 신선한 공기와 바삭한 바람, 따사로운 햇살에 위로받으러 우리를 환대하는 공원으로 탈출한다. "지금 이곳에 공원을 만들지 않는다면 백 년 뒤에는 이만한 크기의 정신병원이 필요할 것"이라는 옴스테드의 공원론을 21세기에 다시 소환할 줄 누가 알았을까. 공원을 통해 열악한 도시 위생을 개선하고 시민의 건강을 회복시킬 수 있다는 옴스테드의 비전은, 공원이 "도심에서 자연으로 최단 시간 내 탈출"을 가능하게 한다는 그의 신념은, 코로나 시절의 불안과 고립 끝자락에 선 지금 여기의 도시에도 여전히 유효하다.

공원은 도심에서 최단 시간 내에
탈출할 수 있는 자연이다.

센트럴파크 컨저번시 제공

공원의 리얼리티와 판타지

결국 봄이 왔다. 다시 공원이 북적인다. 도시의 삶에서 공원만큼 소중한 곳이 없지만, 공원의 어깨는 항상 무겁다. 공원은 녹음과 안식이 가득한 평화의 공간인 것 같지만, 실은 버거울 정도로 다양하고 복잡한 '사회적' 역할을 해내야 한다. 공원은 아침형 인간이 하루를 여는 조깅 코스다. 아이의 등교 전쟁을 치르고 난 주부의 해방구다. 오전 내내 모니터 앞에서 시달린 직장인이 잠시 햇볕을 쬐며 커피를 즐기는 카페테리아다. 평범한 주말의 나른한 휴식을 담는 그릇이다. 갈 곳 없는 노인의 의자이자 가난한 연인의 밀실이기도 하다. 공원은 또한 유치원 꼬마들의 소풍으로 가득하다. 설레는 웨딩 촬영의 무대로 변신하기도 한다. 자연 관찰은 물론이고 전문적인 환경교육도 공원에서 진행된다. 때로는 전시장으로, 공연장으로 옷을

© 배하영

공원은 쓸모없는 시간을 허락하는
품위 있는 공간이다,

갈아입기도 한다.

현대 도시의 여러 공간 중 공원만큼 복합적인 성능을 갖춘 멀티플레이어가 또 있을까. 하지만 다중의 역할이 힘겹게 중첩된 만큼 공원에는 다양한 이념과 가치가 위태롭게 동거하고 있다. 잘 알려진 바와 같이, 도시공원은 19세기 산업도시가 낳은 사회문제와 위생문제를 치유하기 위한 일종의 응급 진통제로 고안되었다. 도시 노동자 계층의 불만을 공간적으로 해소하려는 정치적 발명품이기도 했다. 자본주의 도시의 한복판에 있지만 토지를 함께 소유하고 사용하는 모순의 장소이기도 하다. 어쩔 수 없이 공원에는 교화와 계몽이라는 꼬리표가 따라다닌다. 공원은 공공성의 실험실이어야 한다. 공공을 위한 문화 프로그램도 풍성해야 하고, 생태적으로 작동하는 건강한 자연도 제공해야 한다. 개인적 욕망보다는 늘 사회적 가치가 우선이다. 우리는 가득하지만 나는 없는 곳, 공원의 리얼리티다.

캐런 존스와 존 윌스는 《공원의 발명The Invention of the Park》(Polity Press, 2005)에서 "공원의 이념에는 잃어버린 낙원과 새로운 유토피아가 중첩되어 있다"고 진단한다. 공원은 도시가 잃어버린 어떤 것에 대한 집단적 노스탤지어이자 도시가 지향하는 어떤 것에 대한 사회적 비전인 것이다. 그러나 공원에는 그 어떤 것에 대한 '개인적' 판타지도 중첩되어 있음을 놓치지 말아야 한다. 누구나 자신만의 장소에 대한 열망과 환상을 가지고 산다. 집과 직장 바깥의 생활 세계에서 자기 공간을 소유하고 이용할 수 있는 개인은 많지 않다. 자본주의 도시의 평범한 시민에게 허락된 거의 유일한 야외의 장소가 공원이다. 한 조사 결과에 따르면, 많은 사람들은 가정에서 가지지 못하는 프라이버시를 찾고 싶어서 공원을 선택한다고 한다. 남과 함께 쓰는 공원이지만 그 안에 자신의 시간과 공간을 마련하고 싶은 열망이 있는 것이다. 일상 속에서 나만 아는, 비밀스러운, 작은 놀라움과 기쁨을 주는 장소에 대한 환상. 그것은 판타지라기보다는 자연스러운 욕구에 가까울지도 모르겠다. 공원은 일상에서 일상의 탈출을 경험할 수 있는 공간이지만 공원의 리얼리티는 탈출의 판타지를 허용하지 않는다.

공원에서 꿈꾸는 또 하나의 판타지는 아무것도 하지 않기가 아닐까. 더 정확히 표현하자면, 쓸모 있는 어떤 것을 하지 않아도 되는 장소에 대한 동경이다. 우리는 거의 모든 일상을 '쓸모'에 바치며 산다. 먹고 자고 일하고 사랑하는 모든 생활이, 심지어 휴식과 운동도 유용성, 실용성, 효용성의 지배를 받는다. 공원에서도 크게 다르지 않다. 쓸모에 복무하는 우리의 삶은 공원에서도 쓸모만을 찾게 한다. 쓸모 있는 공원

도시의 배꼽인 공원은
일상에서 일상을 탈출할 수 있는 빈 공간이다.
사진은 시애틀 프리웨이 공원.

에서 쓸모 있는 무언가를 해야 한다는 강박을 안고 사는 것이다. 아무것도 하지 않아도 되는 공원은 쓸모와의 거리가 충분할 때 성립할 수 있다. 그곳은 쓸모없는 시간을 허락하는 품위 있는 공간이다.

공원을 배꼽에 비유한 이어령의 공원론은 다시 읽어도 늘 고개를 끄덕이게 한다. "도시는 우리의 제2의 신체다. 그 신체 기능이 서로 어울려야 되는데, 그러기 위해서는 반드시 빈void 공간이 있어야 한다. 그것이 배꼽이다. 옴파로스Omphalos다. 어떤 도시든지 가장 쓸모없고 불필요한, 공허의 공간이 있어야 한다. 그것이 빈 공간이다. 비어 있기 때문에 전체가 사는 것이다. 우리 배꼽하고 똑같다. 우리 신체 중에 제일 일 안 하고 아무 쓸데없는 것이 배꼽인데, 그것이 중앙에 있다. 이 중심의 공간 옴파로스, 그것이 공원이다."

Hospitality in Parks

3 부

도시를 만드는 공원

공원이 만드는 도시

¶ 세종시 중앙공원

도시계획이 한국 정치 최전선의 쟁점으로 떠오른 적이 있다. 노무현 대통령의 핵심 공약 중 하나는 청와대와 중앙부처를 충청권으로 옮기는 수도 이전이었다. 수도권 과밀 해소와 국토 균형 발전을 목표로 한 이 공약은 참여정부 첫해부터 빠르게 실천됐다. 2003년 말 '신행정수도건설 특별법'이 통과됐지만 큰 저항에 부닥친 끝에 바로 이듬해에 위헌 판결을 받는다. 그러나 행정중심복합도시로 변경된 사업이 2005년부터 다시 추진되면서 각종 계획이 동시에 진행됐다. 2007년 첫 삽을 뜬 지 불과 15년 만에 세종시는 39만 인구가 거주하는 도시로 자라났다.

세종시는 여느 신도시 못지않은 속도전으로 건설됐지만, 다양한 도시 이념이 실험되고 다층의 전문 지식이 실천된 진보적 도시계획의 산물이기도 하다.

도시 중앙의 장남평야 일대를 완전히 비우고 그 주변에 도시 기능을 환상형으로 배치한 건축가 안드레스 페레아 오르테가의 실험적 구상이 계획 초기의 도시 개념 국제공모에서 채택됐다. 이 파격적 구상은 기본계획에도 그대로 반영돼 7제곱킬로미터(약 212만 평)의 광대한 공지가 도시 한가운데 배치됐다.

세종시 도시계획이 지향한 비위계적, 탈중심적, 민주적 도시 구조의 기반은 바로 중앙부의 초대형 공터다. 운 좋게도 나는 몇몇 동료와 함께 축구장 800개 넓이 공터의 수평적 경관으로 도시 정체성을 직조하는 경관계획에 참여했다. 연이어 우리는 도시 진화의 매개체가 될 대형 공원을 광활한 대지에 계획하는 국제공모전을 기획하고 진행했다. 당시의 계획 지침 한 대목을 옮긴다. "중앙녹지공간은 도시경관과 환경의 중추가 될 녹색 심장이며 미래 성장의 바탕이다. 도시로부터 격리된 소극적 공원을 넘어, 소통과 생성을 통해 도시와 대화하는 역동적이고 시민친화적인 장소로 성장해갈 것이다. … 중앙녹지공간은 열린 접근과 과정 중심적 설계를 통해 도시의 성장과 함께 지속적으로 발전해가는 유연하고 다기능적인 공간이 될 것이다."

희망과 흥분이 교차하는 이 문장들에는 이론으로만 꿈꾸던 '공원이 만드는 도시'를 실현할 수 있다

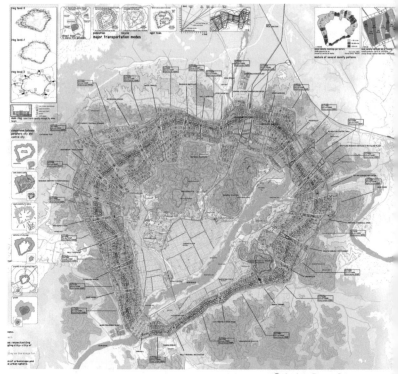

© Andres Perea Ortega

안드레스 페레아 오르테가, 〈천 개의 도시〉.
행정중심복합도시 개념 국제공모 당선작.

는 기대가 깔려 있지만, 긴장과 불안도 공존한다. 도시 한복판을 비우는 실험이 과연 개발과 건설 과정에서 살아남을 수 있을 것인가. 2007년 8월, 반년간의 치열한 2단계 경쟁 끝에 조경가 노선주 팀의 〈오래된 미래〉가 당선작으로 선정됐다. 국내외 스타 조경가들과 건축가들을 물리친 이 당선작은, 금강변 제방을 허물어 물과 뭍의 경계를 유연하게 하고 산과 강을 향해 경관을 열며 생산적 공원과 수평적 농경지를 하나로 엮어 도시 진화의 바탕을 만드는 구상을 펼친 실험작이었다.

15년이 흘렀지만 〈오래된 미래〉는 여전히 미지의 진행형이다. 제방을 허무는 설계 전략은 우여곡절 끝에 철회됐고, 주변 토지이용계획의 변경에 따라 공원 부지가 계속 잠식됐다. 국립수목원이 계획됐고 박물관 단지가 들어왔다. 드넓은 '생산 경관'이라는 핵심 개념은 여전히 논란거리다. 2011년 멸종위기 야생동물인 금개구리가 발견된 뒤에는 환경단체와 시민 모임이 공원 조성을 두고 대립하고 있다. 도시 중앙의 거대한 빈 땅이 세종시의 미래를 이끌 경관 매개체로 작동될 수 있을까. '공원이 만드는 도시'는 가능한 것인가.

'세종학포럼'에서 발제를 맡아달라는 초대에 덜컥 응하고 말았다. 써야 할 원고 제목은 '공원과 도시의 새로운 관계 만들기: 행정중심복합도시의 실험과 그 이후'다. 며칠째 옛 실험의 흔적들을 소환하며 추억 속에서 허우적거리고 있다. "이념의 실험을 넘어, 공원이 도시의 일상생활로 깊숙이 스며들 때 '공원이 만드는 도시'는 비로소 실현될 것이다." '그 이후'에 대해서는 이 한 문장밖에 쓸 수 없을 것 같다.

노선주 외, 〈오래된 미래〉.
행정중심복합도시
중앙녹지공간 국제설계공모 당선작.

ⓒ 노선주 외

도시와 함께 성장하는 공원

¶ 서울숲공원

공원엔 걸어서 가야 제맛이지만, 가끔 작정하고 집에서 먼 공원에 가면 집밥만 먹다 외식하는 기분이 든다. 내 공원 외식의 단골 메뉴 중 하나는 서울 성동구의 서울숲공원(동심원 설계)이다. 한 해 방문자가 무려 750만 명이나 되는 늘 붐비고 활력이 넘치는 장소다. 게다가 한강과 바로 맞닿아 있다. 살갗으로 날씨의 맛을 감각하며 이방인의 시선으로 사람 구경 실컷 하면 흐물흐물해진 마음에 근육이 자란다.

이름에 '숲'이 붙어 있다고 호젓한 숲길 해찰이나 고즈넉한 나무 그늘 밑 사색만 기대한다면 실망할 가능성이 크다. 이른 새벽을 달리는 조깅족, 소박한 브런치 피크닉을 즐기는 동네 친구들, 평일 오후의 나른한 데이트에 나선 연인들, 고요한 연못 수면을 깨뜨리며 첨벙대는 개구쟁이들, 셔츠를 걷어붙이고 퇴근길

텃밭 가꾸기에 심취한 도시 농부들, 반려견과 함께 공원 구석구석을 누비는 심야 산책자들로 서울숲은 온종일 대만원이다. 조성 과정과 프로그램 운영에 시민들이 깊숙이 참여해온 공원이라 여러 세대의 자원봉사자들을 늘 만날 수 있다. 재즈 페스티벌이 열리는 주간에는 그 낭만의 기세가 멀리 응봉산 자락까지 퍼져나간다. 장마철이나 혹한기를 빼면 서울숲은 계절과 상관없이 언제나 북적댄다. 서울숲만큼 다양한 라이프스타일을 포용하는 공원은 쉽게 찾아보기 어렵다.

환경의 가치를 내건 도시 마케팅과 '녹색 정치'의 테스트베드로 조성된 서울숲의 나이는 채 스무 살이 안 되지만, 서울숲과 그 일대 뚝섬에는 지층보다 두터운 여러 켜의 시간과 기억이 쌓여 있다. 한양의 동쪽 경계부, 즉 성저십리城底十里 끝자락이었던 뚝섬 근방은 동교, 뚝도, 살곶이벌 등 여러 지명으로 불렸다. 한강과 중랑천이 만나고 그 배후에 아차산이 위치하는 이곳은 조선 왕실의 사냥터, 군사 훈련장, 목마장, 충청도와 강원도의 수운 종착지 등 다양한 용도로 쓰였다.

목장과 마장馬場의 정체성이 강했지만 근교 농업도 활발했다. 한강의 범람으로 상습 수해를 겪던 뚝섬 강변에 일제 총독부는 제방을 쌓아 홍수 피해를 막고 살곶이벌과 뚝섬을 농경지로 활용했다. 경성이 팽창

하던 1930년대에는 사설 교외 철도가 운영되면서 뚝섬에 수영장과 부대시설을 갖춘 유원지가 조성됐다. 당시 신문은 넓은 들판, 한강 모래사장, 제방 포플러 숲이 어우러진 뚝섬 풍경을 목가적 전원의 진수라고 묘사했다. 뚝섬은 경성에서 궤도차를 타고 휴일 나들이를 갈 수 있는 매력적인 유원지 상품이었던 셈이다.

해방 이후 뚝섬유원지는 자유와 여흥, 낭만과 쾌락을 만끽하는 행락지로 전성기를 누렸다. 조정래는 대하소설 《한강》(해냄, 2003)에서 1960년대 뚝섬의 아름다운 백사장을 서울 최고의 인기 피서지로 꼽았다. 1954년 한국마사회가 운영하는 최초의 경마장이 들어섰고, 1968년에는 경마장 안에 골프장도 생겼다. 1980년대 중반 한강에서 수영이 금지되기 전까지 뚝섬유원지는 지금의 서울숲 못지않게 많은 사람이 모이는 대형 공원 역할을 했다. 이 땅에는 왕실의 사냥터, 행락객의 유원지, 시민의 공원으로 이어지는 여가 문화의 DNA가 배어 있기라도 한 것일까.

1990년대에는 서울시 청사를 이곳으로 옮기는 구상이 있었고 국제첨단업무단지를 짓는 청사진도 발표됐다. 2002년 한일월드컵 개최를 위해 돔구장을 짓는 계획이 세워졌지만 아이엠에프 구제금융 여파로 무산됐다. 외환위기를 겪지 않았다면 상암동 대신 서울숲 자리에서 월드컵이 열렸을 것이다. 엘지트윈스

야구단 돔구장의 유력 후보지이기도 했다. 2005년, 이런 거창한 구상들을 뒤로하고 살곶이벌과 뚝섬유원지의 맥을 잇는 대형 공원, 서울숲이 들어섰다.

35만 평에 달하는 서울숲은 서울에서 올림픽공원 다음으로 큰 공원이자 문화예술공원, 체험학습원, 생태숲, 습지생태원 등 서로 다른 성격의 여러 공간으로 구성된 대형 복합체 공원이다. 게다가 한강과 바로 맞닿아 있는 점이 서울숲의 매력을 배가시킨다. 다양한 얼굴을 가진 만큼 갈 때마다 다른 구역을 경험해보는 재미가 쏠쏠하다. 마치 단골 식당처럼 자주 가는 자신만의 공원 속 아지트를 정해두면 더 즐겁다.

나에게는 세 가지 정도의 서울숲 사용법이 있다. 많은 사람이 서울숲 하면 떠올리는 그 시그니처 풍경에서 도시의 자유를 느끼는 게 아주 평범한지만 소중한, 나의 첫 번째 사용법이다. 지하철 수인분당선을 타고 서울숲역에 내린 뒤 3번 출구로 나와 컨테이너 박스 100여 개로 지은 언더스탠드 애비뉴를 통과하면 정문 격인 공원 2번 출입구가 나온다. 옛 경마장의 장소 기억을 소환하는 역동적인 군마상을 지나면 바닥분수와 거울연못으로 유명한 문화예술공원 구역이다. 넓은 잔디밭 위로 펼쳐진 하늘과 응봉산 원경에 숨통이 확 트인다. 시원한 풍광을 즐기며 잠시 해찰하다 보면 자연스레 자유라는 단어가 떠오른다. 30분이

한강과 중랑천이 만나는
뚝섬 일대의 서울숲공원.
뜨는 동네 성수동과 영향을 주고받으며
성장하고 있다.

© 유청오

면 충분히 자유를 만끽할 수 있다. 시간이 조금 더 있다면 은행나무길 아래 벤치 하나를 차지하고 빽빽한 수직선들의 밀도감에 압도당하기를 자처한다.

더 적극적으로 일상에서 탈주하고 싶은 날엔 생태숲 구역을 선택한다. 생태숲 위를 지나 강변북로를 건너 한강변으로 뻗어나가는 보행교를 걷는다는 게 더 정확한 표현일 것이다. 사슴들이 출몰하는 생태숲은 직접 내려갈 수 없고 다리 위에서 내려다볼 수만 있어서 오히려 더 매력적이다. 경쾌한 직선형 다리를 걸으며 스치듯 숲을 통과하는 기분, 걸어본 사람만 안다. 조금 더 걸으면 강변북로를 쉴 새 없이 달리는 자동차 행렬이 한눈에 잡힌다. 아찔한 속도와 소음이 불쾌하지 않고 두렵지도 않다. 광폭의 한강이 뿜어내는 힘과 아파트 경관의 질량감, 성수대교의 육중한 구조미와 이리저리 휘감기는 강변도로 램프들의 곡선이 한데 뒤섞인 콜라주. 보행교 끝에서 강가로 내려오면 멀리 보이던 한강이 바로 발 앞에서 흐른다.

세 번째는 서울숲의 짙은 계절감을 즐기는 사용법이다. 성수동에서 약속이 있으면 인더스트리얼 인테리어로 무장한 성수이로와 연무장길 쪽의 힙한 카페들보다는 공원 4번 출입구 바로 옆의 카페를 택한다. 성수동 특유의 붉은 벽돌 이층집을 검박하게 개조한 카페 2층에 앉으면, 가로로 긴 창을 통해 서울숲의 가장 일상적인 풍경이 눈앞에 펼쳐진다. 겨울이면 텅 빈 공원의 스산함이, 봄이면 공원을 새로 채워나가는 햇살의 나른함이, 여름이면 짙다 못해 무거운 초록의 냄새가, 가을이면 갖가지 나뭇잎이 조합해내는 단풍의 향연이 창을 넘어 달려든다. 더 부지런히 움직이고 싶은 날엔 카페에서 나와 습지생태원까지 간다. 공원 외곽 습지생태원에는 사람이 거의 없다. 습지 위에 그물처럼 놓인 목교를 걷거나 투박한 의자에 몸을 기대면 공원 전체를 전세 낸 기분을 누릴 수 있다. 도시의 고요를 경험할 수 있는 쉬운 방법이다.

시민 참여형 공원 경영의 막을 연 서울숲은 성수동 일대를 빠르게 바꿔나가며 도시와 함께 성장하고 있다. 서울에서 가장 비싼 아파트가 서울숲에 어깨를 맞대고 들어섰다. 수인분당선이 개통되면서 공원 전용 지하철역도 생겼다. 강과 숲을 뜻하는 외국어 이름을 단 초고층 아파트들이 연이어 자리를 틀며 공원의 사유화 문제도 제기되고 있다. 낙후한 붉은 벽돌 연립주택들만 빼곡했던 성수동1가가 '뜨는 동네'로 급변한 것도 서울숲의 영향이다. 아무도 찾지 않던 성수이로와 연무장길 인근 경공업 지역이 서울의 브루클린이라 불리며 부상한 이례적 현상도 서울숲의 잠재력과 무관하지 않다. 공원과 도시가 긴밀한 함수 관계를 맺고 변신을 거듭하고 있다.

시민 참여형 공원 경영의 막을 연 서울숲은
성수동 일대를 빠르게 바꿔나갔다.

공원, 도시의 사회적 접착제

지구 곳곳에 점점이 퍼져 있는 고밀 복합체 도시에는 세계 인구의 절반 이상이 거주하고 있지만, 도시는 여전히 가난과 불결과 위험의 대명사이자 고립과 불평등의 온실이며 반反자연의 상징이다. 그 어느 때보다 풍요로운 경제, 편리한 정보 기술, 풍성한 문화를 누리게 된 도시들도 갖가지 위기 담론으로부터 자유롭지 않다. 기후변화와 환경 위기, 인구 고령화와 1인 가구 급증, 빈부 격차와 양극화, 경기 침체와 도시 쇠퇴가 뒤엉켜 도시는 그야말로 난맥 상태다. 더 이상 계획가의 지혜와 엔지니어의 기술만으로는 해법을 찾을 수 없다.

20세기 후반을 기점으로 도시의 공간과 장소가 인문학과 사회과학계 전반의 연구 주제로 떠오르고 있다. 생산과 소비, 노동과 문화를 비롯한 모든 인간

행동과 그것이 낳는 정치·사회적 문제는 도시 공간에서 구성된다는 점이 새롭게 인식되고 있는 것이다. 지리학과 인류학은 물론 경제학과 사회학의 시선도 도시를 향하고 있다. 얼마 전에는 당대를 대표하는 도시사회학자 리처드 세넷과 에릭 클라이넨버그의 최근 저작이 잇따라 번역 출간되었다.

리처드 세넷의 《짓기와 거주하기》(김영사, 2020)는 삶을 향상시키는 기술의 가치를 다룬 《장인》과 타인과 함께 살아가는 사회적 협력 방식을 도모한 《투게더》를 잇는, 그의 '호모 파베르' 프로젝트 3부작의 완결판이다. 철학과 사회학뿐 아니라 건축, 조경, 도시계획, 문학, 예술을 겹겹이 넘나드는 이 책의 키워드를 단 하나로 간추리자면 아마도 '열린'일 것이다. 세넷이 지향하는 열린 도시는 구성원들이 서로를 배제하지 않고 포용하고 배려하며 정보의 소통과 교류가 이뤄지는 윤리적 도시다.

열린 도시는 이상한 것, 궁금한 것, 미지의 것을 수용하는 도시이며, 이런 도시에 참여해 여럿 중의 한 사람으로 살아가면 "의미의 명료함보다는 의미의 풍부함"을 누릴 수 있다. 책 제목이 암시하듯, 세넷이 말하는 도시의 열린 관계는 짓기building와 거주하기dwelling가 균형을 찾을 때 가능하다. 짓기와 거주하기의 차이를 설명하기 위해 그는 프랑스어 '빌ville'과

'시테cité'를 빌려온다. 빌은 "물리적 장소로서의 도시"이고, 시테는 "지각, 행동, 신념으로 편집된 정신적 도시"다. 세넷은 도시를 짓는 방식(빌)과 도시에서 거주하는 방식(시테)이 불일치하는 것이 도시의 본질적 속성임을 파악하고, 빌과 시테의 접점을 찾아나가는 전문가와 거주자의 노력들을 탐사한다.

세넷은 "우리를 바보로 만들" "닫힌 스마트 시티"의 전형으로 인천의 송도 신도시를 꼽는다. 그는 송도가 르코르뷔지에의 "부아쟁 계획Plan Voisin에 무성한 나무와 부드러운 곡선을 추가한 버전"에 불과하며, 스마트 시티를 내세워 데이터의 중앙 통제를 이룩한 "무미건조하고 무기력한 유령 도시"라고 비판한다. 세넷은 책 곳곳에서 공원이 빌과 시테를 연결하는 매개체일 수 있음을 내비친다. 이를테면 프레더릭 로옴스테드의 센트럴파크를 "사회적 포용이 물리적으로 설계될 수도 있다"는 믿음에서 비롯된 제안이라고 평가한다. 그러나 빌에 치우친 옴스테드의 공원 비전에는 "시테를 이루는 특징적인 재료, 즉 군중에 대한 성찰"이 빠져 있다며 공원의 잠재력을 전폭 지지하지는 않는다.

세넷에 비해 에릭 클라이넨버그는 도시의 고립과 불평등을 넘어서는 연결망으로서의 공원의 가능성에 더 큰 기대를 건다. 전작《폭염사회》를 통해

위키미디어 커먼즈 제공

공원은 도시인의 건강한 유대와
교류를 형성하는 사회적 접착제다.

700명의 목숨을 앗아간 시카고 폭염 사태를 자연재해가 아닌 사회 비극의 측면에서 해석함으로써 찬사를 받은 클라이넨버그는, 신간 《도시는 어떻게 삶을 바꾸는가》(웅진지식하우스, 2019)를 통해 도시에서의 고립과 양극화, 불평등과 분열은 사람의 문제가 아니라 도시를 어떻게 계획하느냐에 달린 문제라고 주장한다. 그가 전 세계의 다양한 도시와 지역 사회를 연구한 결과에 따르면, 도시의 위기와 재난을 극복하는 힘은 공동의 장소, 즉 필수적인 관계와 소통이 형성되는 장소를 만드는 데 달려 있다. 찾아가고 머물며 집단과 계급의 경계를 넘어 관계를 맺고 공동체를 강화하는 공간, 즉 '사회적 인프라스트럭처'를 구축하는 게 중요하다는 것이다.

클라이넨버그가 말하는 사회적 인프라스트럭처는 "사람들이 교류하는 방식을 결정짓는 물리적 공간 및 조직"이며 "사회적 자본이 발달할 수 있는지 없는지를 결정하는 물리적 환경"이다. 도서관과 서점, 학교와 놀이터, 수영장과 체육 시설은 물론 공원이야말로 도시의 건전한 유대 관계를 형성하는 사회적 인프라다. 공원처럼 모든 계층의 사람들이 꾸준하게 모여 즐거운 활동을 할 수 있는 장소를 만드는 것, 그것이 곧 위기의 도시를 회복시켜 열린 도시의 연결 사회로 향하는 희망의 전략이다.

허리케인 샌디가 남긴 재난을 교훈 삼아 회복 탄력적 인프라를 구축하기 위해 진행된 국제 설계공모전 '리빌드 바이 디자인Rebuild By Design'의 책임 연구자이기도 했던 클라이넨버그는, 이 선제적 프로젝트뿐만 아니라 세계 여러 도시의 사례들을 통해 다목적 다기능의 공원이 도시의 '사회적 접착제social glue'로 작동할 수 있음을 밝힌다. 책의 원제 '모든 이들을 위한 궁전Palaces for the People'에 생략된 주어는 단연코 공원일 것이다.

도시의 공터에서 시간을 걷다

¶ 서울공예박물관

그땐 그랬지. 여기저기 널린 게 빈 땅이었고, 빈 땅이면 다 놀이터였다. 김훈의 《공터에서》(해냄, 2017)가 출간됐을 때 소설 내용과 상관없이 가슴이 얼마나 쿵쾅거렸는지 모른다. 까마득히 잊고 지내던 단어, 공터를 다시 만난 것이다. 도시 곳곳에 방치되고 유기된 '지도 바깥의 땅', 공터는 아이들의 천국이었다. 주택가에도, 등하굣길에도 공터가 수두룩했다.

아이들 키보다 높이 자란 잡초 더미 공터도 있었고, 돌밭에 가까운 거친 공터도 있었다. 누군가는 메뚜기를 잡거나 잠자리채를 휘두르며 오후를 보냈고, 누군가는 땅거미 내려앉을 때까지 비석 치기와 오징어 게임에 열중했다. 흙먼지 날리는 맨땅 학교 운동장도 공터의 추억에서 빼놓을 수 없다. 세상에서 가장 넓은 곳 같았던 운동장, 친구들과 엉켜 뛰놀다 수돗가로 몰려가던 기억이 생생하다. 정색하고 단아하게 디자인한 요즘 공원이나 광장보다 그 시절 공터들이 더 여유롭고 자유로웠다.

숨 쉴 틈 없이 고밀한 도심 한복판에 공터가 생겼다. 옛 풍문여고 건물 다섯 채를 리모델링해 2021년에 개관한 안국동의 '서울공예박물관'이다. 문을 열자마자 박물관 안마당은 장소 덕후들의 '인스타 성지'로 등극했다. 400년 수령의 장엄한 은행나무, 연실 감는 얼레처럼 테라코타 관을 둥글게 쌓아 올린 크레이프 케이크 형태의 건물 입면, 곡선형 콘크리트 틀로 유려하게 지형을 고른 경사 초지가 안마당에 들어서자마자 시선을 붙잡는다. 지극히 이질적인 이 세 가지 요소를 한 프레임에 담으면 대충 찍어도 그림이 나온다. 사진 잘 나오는 매력적인 풍경일 뿐 아니라 고즈넉한 산책과 휴식도 담아내는 넉넉한 장소다.

공예박물관이 도시의 공터로서 갖는 힘은 감고당길과 안국역 쪽으로 담장 없이 열린 박물관 본관 앞마당에서 극대화된다. 느릿하게 걷다 털썩 앉아 눅진한 머릿속을 바싹 말리기 좋은 이 마당 터에는 2017년까지 70년 넘게 풍문여자고등학교의 운동장이 자리했다. 켜켜이 쌓인 기억의 지층은 훨씬 더 두껍다. 이곳은 풍문여고에 앞서 조선의 안동별궁이 있었던 곳이다. 안동별궁은 세종의 막내아들 영응대군

서울공예박물관 앞마당은
모두를 환대하는 열린 공터다.

© 김종오

의 거처로 쓰였고, 세종이 승하한 곳이자 문종의 즉위식이 열린 곳이며, 고종이 개축해 순종의 혼례를 성대하게 치른 축제의 장이기도 했다. 1950년대의 빛바랜 사진 한 장에는 근대식 교사에 옛 별궁 한옥들이 이어져 있고 그 앞 운동장에서 전교생이 줄 맞춰 조회를 하는 초시간적 광경이 담겨 있다. 게다가 경복궁과 창덕궁 사이, 인사동과 북촌 사이라는 도시적 맥락까지 겹친 장소성이 만만치 않다. 설계공모 당선 이후 공예박물관 건축을 이끈 송하엽(중앙대 건축학부 교수)의 말처럼, 이 "시간을 걷는 공간"은 "도시에 고고학적 깊이"를 더한다.

시간의 흔적과 기억의 지층 못지않게 공예박물관 마당의 강한 장소성을 만들어내는 힘은 도시를 향해 열린 빈 땅 그 자체에 있다. 조경 설계로 부지의 잠재력을 한층 끌어올린 박윤진과 김정윤(오피스박김 소장)은 "풍문여고 운동장 자체에 마음을 완전히 빼앗겨 하이힐을 신고도 편히 다닐 수 있는 흙 포장을 구현"했으며, "학교 담장을 걷어내 부지를 여는 게 곧 설계의 핵심"이었다고 말한다. 풍문여고 담장을 허는 과정에서 발굴된 안동별궁 담장의 기단석은 그 자리에 그대로 노출 전시됐다. 텅 빈 공간 가장자리의 매화나무 숲과 나지막한 둔덕이 공터에 안온한 공간감을 준다. 모두에게 열려 자유롭게 드나들 수 있는 도심 공터의 매력, 안국역에서 몇 걸음만 옮기면 바로 실감할 수 있다.

박물관 교육동 옥상의 전망대에 올라가면 이 장소의 도시적 잠재력을 한눈에 간파할 수 있다. 경복궁과 창덕궁 사이, 인사동과 북촌 사이에 자리한 공예박물관 바로 맞은편에는 또 다른 공터가 있다. 오랫동안 방치된 송현동이다. '이건희기증미술관'이 들어설 송현동의 등 뒤로 인왕산의 역동적 풍경이 달려온다. 주변 고층건물에서 찍은 조감 사진은 공예박물관 공터와 고밀한 도시 조직의 극명한 대조와 긴장을 감각적으로 전달한다.

감고당길에 서서 박물관으로 몰려드는 사람들을 관찰해보면, 관람 목적으로 오는 사람보다 목적 없이 '그냥' 들고나는 사람이 많다. 모처럼 도심 산책을 즐기다가, 즐거운 퇴근 길에 안국역으로 향하다가 뻥 뚫린 공간을 보고 호기심 가득한 표정으로 공터에 들어서는 사람이 적지 않다. 어, 뭐지? 외마디 혼잣말이 여기저기서 들린다. 자유롭게 드나들 수 있는 장소의 매력, 담 없는 도시 공터의 의미를 새삼 깨닫게 된다.

서울공예박물관은 모두를 환대하는 열린 공터일 뿐 아니라 시간을 엮고 도시를 잇는 길이기도 하다. 앞마당 자체가 부지 서쪽 감고당길과 동쪽 윤보선길을 연결하는 지름길 역할을 톡톡히 해낸다. 안동별궁의 정화당과 경연당 위치에 깐 화강암 판석 포장길을 따라 걸으면 시간의 파편을 품은 북촌 골목길들이 나온다. 박물관 앞마당을 통과 동선으로 사용하는 이들을 뒤쫓으니 윤보선길로 접어든다. 노을에 걸린 인왕산의 자태에 정신을 빼앗긴 채 걷다 보니 마침 그럴싸한 노포 호프집이 등장했다.

400년 수령의 은행나무는
장소의 역사를 지켜본 산증인이다.

금단의 땅에서 도시의 여백으로

¶ 송현동 공터

　　금단의 땅이 열렸다. 높은 장벽에 갇혀 오랜 세월 잊혔던 미지의 땅, 송현동 공터가 그 모습을 드러냈다. 경복궁 옆 동네, 안국역 사거리에 맞붙은 송현동 부지의 면적은 3만 7117제곱미터(약 1만 2000평)로 서울광장의 세 배다. '열린송현녹지광장'이라는 이름을 달고 임시 개방된 공터의 넓은 잔디밭과 거친 야생화가 길 가던 시민들을 멈추게 한다. 미술관 나들이를 나섰다가, 북촌에서 데이트를 즐기다가, 광화문 쪽으로 율곡로를 걷다가, 그저 안국역으로 바삐 움직이다가 낯선 공터를 보고 저절로 걸음을 옮기게 된다. 생경한 풍경에 놀란 시민들의 감탄이 곳곳에서 터진다. 헐, 여기 뭐지? 서울 도심에 이렇게 뻥 뚫린 데가 있었어? 텅 빈 이대로 아무것도 짓지 말고 그냥 두면 좋겠어.

　　서울이 달라 보인다. 시원하고 여유롭다. 도심

한복판에서 가장 넓은 면적의 하늘을 볼 수 있는 곳일
지도 모르겠다. 유려한 인왕산과 장엄한 북악산 산세
가 파노라마로 펼쳐지며 도시를 향해 달려든다. 등을
돌리면, 번잡하고 어수선한 율곡로 남쪽 고층건물들
마저 아름다워 보인다. 뉴욕 센트럴파크에서 보는 낭
만적인 도시 스카이라인 못지않다. 줄지어 걷는 인파
로 북적거리는데도 텅 빈 들판에 홀로 선 느낌. 돈으
로 살 수 없는 경관의 가치를 실감하지 않을 수 없다.

송현동은 미지의 땅이었다. 높은 돌담 너머에
는 무엇이 있었을까. 경복궁 동쪽 일대는 본래 송현松
峴(솔재)이라는 이름처럼 소나무가 많은 왕실 소유 언
덕이었다. 임진왜란 무렵 부마와 외척들의 거주 공간
으로 변모했고, 조선 말기에 이르면 권문세가의 집들
이 들어선다. 1910년대에는 친일파 윤덕영 일가가 송
현동 땅 대부분을 소유했다. 이후 조선식산은행 차지
가 돼 직원 숙소로 쓰이다가 해방 뒤 미국 정부가 이
땅을 양도받아 주한 미국대사관 직원 숙소가 들어서
면서 폐쇄적인 돌담이 둘러쳐졌다. 송현동이 서울의
지도에서 사라진 이유다.

미국 정부는 1997년 대사관 숙소 이전을 결정
했고, 삼성생명이 2000년 1400억 원을 들여 부지를
매입한다. 이때부터 송현동은 방치됐다. 주변 고층건
물에서 보면 고밀한 도시 조직 속에 섬처럼 고립된,

높은 장벽에 갇혀 오랜 세월 잊혔던
금단의 땅, 송현동이 열렸다.

여백의 경관은 미래 세대의 몫이다.
여백이 도시를 살린다.

비밀의 숲 같았다. 삼성그룹은 미술관과 대규모 복합시설을 짓고자 했으나 여러 도시계획 관련 법과 규제에 막혀 포기하고 한진그룹에 매각한다. 2008년 2900억 원에 땅을 산 한진그룹은 7성급 특급호텔을 지으려 10년 넘게 애쓰며 법정 다툼까지 벌였지만, 결국 2019년 매각 계획을 발표한다. 한진과 서울시가 긴 협상을 벌인 끝에 2021년 한국토지주택공사LH가 우선 매입하고 서울시가 보유한 토지와 교환하는 방식에 합의해 송현동은 마침내 서울시로 넘어오게 된다. 송현동처럼 기구한 사연이 켜켜이 쌓이고 층층이 묻힌 땅도 흔치 않다.

우연처럼 공터의 옷을 입고 귀환한 송현동은 열린 경관의 힘과 매력을 발산하며 서울 도심에 숨통을 틔웠다. 송현동이 열리자 오랫동안 가로막혔던 북촌의 골목들도 서로 연결됐다. 송현동과 이어진 골목을 걷다 보면 국립현대미술관이 나온다. 조금 더 힘을 내면 청와대다. 송현동과 서울공예박물관이 하나가 돼 북적이고, 두 장소 사이 감고당길은 벼룩시장과 거리공연으로 들썩인다. 서울의 그 어느 공원보다 넉넉하고, 그 어떤 광장보다 활기차다.

하지만 아쉽게도 지금 상태 그대로의 송현동은 시한부 경관이다. 2024년 말까지 예정된 임시 개방이 끝나면 '이건희기증미술관' 신축 공사가 시작된다. 완공은 2027년이다. 미술관에 부지의 3분의 1 정도만 할애하고 미술관을 부분집합으로 품는 문화공원을 조성한다는 게 서울시 계획이지만, 공원이 주연이 되고 건축이 조연이 되는 지혜로운 설계안을 마련할 수 있을지는 미지수다. 2년 남짓한 임시 개방 기간이 도시에 여백의 경관을 남겨둬야 한다는 공론과 시민 합의를 끌어내는 소중한 계기가 될 수 있기를.

한 세기 넘는 세월의 풍파를 겪고 홀연히 돌아온 송현동은 역설의 경관이다. 미군의 오랜 주둔이 없었다면 100만 평 용산공원 부지는 서울의 여느 곳과 다름없는 아파트 단지가 됐을 것이다. 근현대사의 질곡이 없었다면 송현동도 개발의 욕망에 진작 자리를 내줬을 것이다. 지도에서 삭제된 땅이 운 좋게도 살아남았다. 자본주의 도시의 심장부에 숨겨진 비밀의 땅이 넓은 공터로 열린 역설. 덕분에 우리는 도시에서 비움의 가치를 다시 살피는 행운을 얻게 됐다. 여백의 경관은 미래 세대의 몫이다. 여백이 도시를 살린다.

잘생긴 서울을 걷고 싶다

¶ 서울로7017

나는 '서울로7017'을 좋아하지 않는다. 단순한 이유다. 못생겼기 때문이다. 동시대 서울 시민들의 경관에 대한 안목은 이 의문투성이 공간보다 훨씬 높다. 글로벌 도시 서울의 심장부에 어떻게 이런 공간이 만들어졌을까.

2014년 가을, 박원순 서울시장은 뉴욕 맨해튼의 하이라인 위에서 서울역 고가의 공원화 프로젝트를 선포했다. "서울역 고가는 도시 인프라 이상의 역사적 가치와 의미를 갖는 산업화 시대의 유산"이므로 "원형을 보전하면서 … 하이라인High Line 공원을 뛰어넘는 녹색 공간으로 재생시켜 시민에게 돌려드리겠다. … 서울역 고가가 관광 명소가 되면 침체에 빠진 남대문시장을 비롯해 지역 경제도 활성화될 것"이다.

산업 유산이므로 남기고 재생시켜 하이라인처

럼 명소로 만든다는 낭만적 논리에 광속의 전시적 공간 정치가 결합했다. 소통과 과정을 존중하며 "중요한 것은 속도가 아니라 방향"이라는 신념을 입버릇처럼 강조하던 시장이었지만, 이 사업에서만큼은 달랐다. 서울의 관문 경관을 가로막고 있는 개발 시대의 고가도로가 과연 원형대로 보전해야 할 근대 산업 유산인가에 대한 신중한 토론은 생략됐다. 사업 당위성에 대한 의구심, 정치적 목적에 대한 의혹, 서울시의 소통 부족, 설계공모 과정과 디자이너 지명초청 방식 논란 등 문제 제기가 끊이지 않았지만, 정해진 일정대로 직진했다.

설계 지침서에 활자화된 공모의 목적은 "보존을 통해 도시 기억과 시민 공간 주권을 회복"하는 것이었다. 서울역 고가는 근대사를 대표하는 산업 유산이므로 '원형 그대로' 보존해 공공의 보행로로 재사용하겠다는 것이다. 결국 프로젝트의 쟁점은 서울역 고가를 근대 산업 유산으로 평가할 수 있는지 여부였다. 서울역 고가는 1960년대 후반의 폭발적인 인구 집중과 교통 문제를 해결하기 위해 '불도저 시장' 김현옥이 주도한 서울 입체 도시화 사업의 산물이다. 그 직전 도쿄에서 진행된 파괴적 입체 개발을 모방했다는 평가도 있다. 서울역 고가를 비롯한 당시의 고가도로들은 개발의 상징이자 근대화를 과시하는 표상이었다. 반세기가 지나자 교통 정체를 유발하고 안전을 위협하며 시민의 보행권과 조망권에 장애가 되는 천덕꾸러기로 전락했다. 2003년 청계 고가를 시작으로 서울에서만 열여섯 개 고가가 철거되었다. 서울의 관문 경관을 가로막은 서울역 고가는 철거해야 할 위험 시설로 이미 2007년에 진단받아 역사의 뒤안길로 사라질 예정이었다. 서울역 고가는 과연 보존할 가치가 있는 산업 유산인가. 옛것이면 가치를 불문하고 다시 살려 써야 한다는, 강박증적 재생 이데올로기는 아닌가. 재활용의 '착한' 이미지에 편승한 포퓰리즘적 논리는 아닌가.

설계공모전에 초청된 조경가와 건축가에게는 바로 이 핵심 쟁점을 탐구하는 작품을 요청했어야 한다. 폭력적 도시 개발의 산물인 고가도로를 산업 유산으로 재평가할 수 있다 하더라도, 또 과거를 지워버리지 않고 기억하며 다시 쓰고자 한다 하더라도, 그 디자인 해법은 매우 다양할 수 있다. 이를테면 고가를 철거해 기형적 경관을 바로잡고 고가가 있던 자리에는 선을 그어 기록할 수도 있다. 구조체와 재료의 일부만 살려 전망대로 쓰는 방법도 있다. 철로로 단절된 구역의 고가만 남겨 보행 네트워크의 거점으로 삼을 수도 있다. 하지만 '원형 그대로' 보존해야 한다는 '강한' 조건의 설계 지침은 설계의 창의적 스펙트럼을

좁힐 수밖에 없었다. 결국 디자이너가 할 수 있는 건 938미터의 긴 고가를 본래 선형대로 유지하면서 고가 주변의 도시 조직과 연계되는 보행 위주의 공원을 제안하는 일뿐이었다. 서울역 고가에 대한 해석을 봉쇄당한 디자이너는 고가 상부의 미려한 포장, 시각적으로 부담 없고 안전에도 문제없는 난간, 화려한 장식 정도를 제시할 수 있었을 뿐.

2015년 5월, 하이라인 벤치마킹 선언식 이후 8개월이 채 지나지 않아 설계공모 당선작이 발표됐다. 네덜란드의 스타 건축가 비니 마스(MVRDV 대표)의 당선작은 서울역 고가의 가치에 얽매이지 않고 오히려 그것으로부터 탈출했다. 수목원이라는 별도의 콘텐츠를 투입한 것이다. 당선작 〈서울수목원The Seoul Arboretum〉의 콘텐츠는 단순 명료하다. 공중 보행로를 수목원으로 만든다는 것. 서울의 환경 조건에서 식재 가능한 모든 종류의 수목을 원형 '화분'에 심어 퇴계로에서 중림동까지 고가 구간에 '가나다 순'으로 배치했다. 왜 화분 수목원인지 그 의도를 설계 설명서에서 읽을 수 있는 구절은 "도시를 보다 푸르게, 보다 친근하게, 보다 매력적이고 예쁘게 하기 위해서"가 유일하다. 한 조경가의 평을 빌리자면, 당선작의 이미지 컷은 "어느 이단 종파의 선교 책자 표지"를 연상하게 한다.

대선 시간표는 예정과 달라졌지만 서울역 고가

이것은 공원인가 수목원인가 길인가.
서울역 고가 공원화 설계공모 당선작.

© MVRDV

© JCFO

서울로7017의 모델인
뉴욕 하이라인 공원.

의 시계는 그대로 갔고, 2017년 5월, '서울로7017'이 완공됐다. 보존하고 재생해야 한다는 근대 산업 유산이 '세상에서 가장 긴 화분'으로 변했다. 주변 지역의 연결과 보행 중심 도시를 강조한다는 의미로 새 이름 서울'로'7017을 달았으나 정체가 모호했다. 이곳은 공원인가 수목원인가 길인가. 육중한 화분에 심긴 애처로운 가나다 수목들.

이제 서울역 고가는 유행처럼 번진 재생과 재활용 노스탤지어, 녹색 공간의 착한 이미지에 편승한 감상주의, 포퓰리즘 공간 정치의 속도전, 사회적 합의가 생략된 공간 설계가 한 번에 뒤섞이면 어떤 졸속의 도시 공간이 탄생하는지 보여주는 사례 연구감으로 남겨졌다. 줄지어 대기 중인 공간 정치 프로젝트들은 서울역 고가를 교훈 삼아야 한다. 천천히 해야 한다. 지혜를 모으고 토론해야 한다.

서울의 대표 경관 서울로7017을 다시 걸었다. 산업 유산 특유의 구조미나 숭고미도 없다. 경쾌하고 세련된 도시미도 없다. 풍성한 자연미도 없다. 의도적인 키치도 아니다. 서울역 고가가 근대 산업 유산인가라는 근본적 질문을 이제 와 다시 던지고 싶지는 않다. 다만 동시대 서울의 도시 미학이 이 정도라는 게 부끄러울 뿐. 잘생긴 서울을 누리고 싶다.

서울로7017,
세상에서 가장 긴 화분.

© 유청오

밀가루 공장에서 문화 발전소로

¶ 영등포 대선제분

서울에서 가장 어수선한 동네는 영등포역 일대가 아닐까. 경부선 철로와 고가도로가 뒤엉켜 있고, 소규모 공장들과 쪽방촌, 홍등가, 청과물시장이 뒤섞여 있다. 정신없는 도시 조직 곳곳에 아파트와 주상복합이 공존하고, 복합쇼핑몰과 백화점이 새로 들어섰다. 걷고 싶지 않은 환경임은 말할 것도 없고 내비게이션에 의지하더라도 운전하기 어렵다. 이 복잡한 풍경 한가운데 삼각형 공장 부지가 덩그러니 남아 있다. 80년 가까이 밀가루를 생산하고 2013년 아산으로 이전한 뒤 가동을 멈춘 대선제분의 영등포 공장 터다.

사일로, 정미 공장, 대형 창고, 목재 창고 등 스물세 동의 건물이 남아 있는 약 2만 제곱미터의 대선제분 공장 터를 복합문화공간으로 변모시키는 도시재생 프로젝트가 진행되고 있다. 서울시의 첫 번째

'민간 주도형' 도시재생 사업이다. 대선제분 창업자의 후손인 시행자가 사업비 전액을 부담해 재생 계획 수립, 리모델링, 준공 후 운영 전체를 주도해 진행한다. 민간 사업자는 경제적 지속가능성 확보를 위한 수익 공간을 조성하고, 서울시는 공공성 확보를 위한 가이드라인을 제시하면서 보행·가로환경 등 주변 인프라를 정비하는 방식이다. 정부와 전국의 지자체들이 광속으로 몰아붙여온 관 주도 도시재생이 아니라 민간 주도형 재생 사업이라는 점에서 이목을 끈다.

더 중요한 초점은 1936년에 지은 공장의 원형을 최대한 유지한 채 재활용과 보강을 통해 부지의 기억과 장소성을 살리기로 한 계획 개념이다. 공장과 창고를 알뜰하게 고쳐 전시장, 공연장, 박물관, 식당과 카페, 공유 오피스 등이 복합된 문화시설로 재창조한다는 구상이다. 산업 구조의 변화에 따라 지구 전역의 많은 도시에 이미 오래전부터 공장을 비롯한 근대 산업시설들이 폐기되고 방치돼왔다. 이런 부지를 전면 재개발하기보다는 재사용해 쇠락한 도시의 지역 경제와 문화에 활력을 불어넣는 실험이 이미 여러 도시에서 성공을 거뒀다.

수명을 다한 공장, 창고, 항만, 철로 등을 20세기의 발전을 이끈 '산업 유산'으로 평가하는 관점도 이제 낯설지 않다. 대형 제철소를 재활용한 두이스부르크-노르트 공원Duisburg-Nord Park은 쇠퇴 도시의 재생

거점이 됐다. 화력발전소를 현대미술관으로 개조한 런던의 테이트 모던Tate Modern, 맥주 양조장에서 힙한 문화 공간으로 탈바꿈한 베를린의 쿨투어 브라우에라이Kultur Brauerei, 화물을 나르는 고가 철로에서 선형 공원으로 변신한 뉴욕의 하이라인은 이미 익숙한 사례다. 국내에서도 선유도공원, 서서울호수공원, 마포문화비축기지 등에서 유사한 실험이 진행됐고 좋은 반응을 얻고 있다. 45년간 와이어로프를 생산했던 부산의 고려제강 수영공장은 F1963이라는 이름의 복합문화공간으로 개조돼 문화예술 명소로 자리잡았다.

지난 20년간 대선제분 인근의 공장들은 전면 철거 후 재개발됐다. 방림방적 공장은 아파트와 오피스텔로 재개발됐고, 경성방직 부지에는 복합쇼핑몰 타임스퀘어가 들어섰다. OB맥주 공장은 서울시가 과감하게 매입해 녹지 위주의 영등포공원을 조성했지만, 아쉽게도 과거의 흔적은 대부분 지워졌다.

패러다임이 바뀌고 있다. 장소 고유의 경관은 도시의 역사를 증언한다. 한 세대의 기억을 다음 세대로 전해준다. 무너진 콘크리트와 녹슨 철골에 남겨진 근대사의 경관을 되살려 영등포의 재생 플랫폼을 구축하고자 하는 대선제분 프로젝트의 귀추가 주목된다. 밀가루 공장에서 문화 발전소로의 변신에 성공해 도시설계 교과서에 대표 사례로 기록되길 기대한다.

독일 두이스부르크-노르트 공원.
폐기된 제철소에서
도시 재생의 거점 공원으로 변신했다.

위키미디어 커먼즈 제공

철도 폐선 부지 공원의 힘

¶ 마산 임항선 그린웨이

20세기의 동력을 잃은 도시는 대수술을 경험하고 있다. 공장 이전지, 쓰레기 매립지, 방치된 오염지, 폐기된 토목 구조물, 버려진 항구와 창고 등 근대 도시의 발전을 이끌었던 산업시설과 공간이 이제 지혜로운 재생의 처방을 기다리고 있다. 계속 늘어나고 있는 철도 폐선 부지도 같은 맥락에 있다. 폐선 부지의 대다수는 사실 이름도 없이, 흔적도 없이 사라지고 있다. 잡풀에 뒤덮여 방치되기 일쑤고, 재개발 과정에서 새 도로와 건물 아래에 묻혀버리는 경우도 허다하다. 그러나 몇몇 도시에서는 폐선 부지를 공원으로 탈바꿈시켜 도시에 새로운 활력을 불어넣는 시도가 성공을 거두고 있다.

근대 문명의 동력이자 자본주의적 시공간 압축의 촉매였던 철도. 그 속도가 멈춰버린 채 남겨진 땅이 폐선 부지다. 철도의 유산을 흔적 없이 지워버리지 않고 새 생명을 부여하는 도시재생 프로젝트에서 공원은 매우 전략적인 해법이다. 공원을 통해 지난 시대의 기억을 보전하고 옛 시간의 상처를 치유함은 물론, 주변 도시 조직의 질서를 다시 다듬어갈 수 있기 때문이다. 특히 폐선 부지는 선형이라는 힘을 가지고 있다. 선형의 링크는 도시 네트워크의 기능을 원활하게 작동시켜준다. 현대 도시에 필요한 공원은 고립된 섬과 같은 녹색 별천지가 아니라 도시를 관통하며 흐르는 혈관 같은 공원이다. 철도 폐선 부지는 선형의 공원을 도시에 접속시켜주는 잠재력을 지닌다.

국내에서도 도시 폐선 부지를 공원화하는 프로젝트가 큰 사회적 반향을 낳고 있다. 이미 1990년대 말, 광주역에서 광주 남구 효천역에 이르는 11킬로미터의 폐철길이 광주푸른길공원으로 변신하면서 근대산업 유산의 재활용, 도시 공간의 공공성과 사회적 가치, 시민 참여 등 다양한 이슈가 생산됐다. 부산의 동해남부선 철길을 따라 조성된 그린레일웨이에서는 청사포로부터 해운대로 이어지는 절경의 극단을 경험할 수 있다. 경의선의 흔적과 기억을 되살린 서울 경의선숲길공원은 '연트럴파크'라는 별명을 얻으며 쇠락한 연남동 일대를 핫 플레이스로 떠오르게 했다. 2019년에는 6킬로미터에 이르는 경춘선숲길공원이 완공돼 시민의 소중한 산책길로 인기를 얻고 있다.

폭우가 내린 주말, 옛 마산시 구도심의 '임항선 그린웨이'를 걸었다. 임항선은 경전선 마산역에서 마산항역을 잇는 철도로, 1905년에 개통돼 주로 화물 수송에 쓰이다가 2011년에 폐선됐다. 5.5킬로미터의 폐철길을 선형 공원으로 바꾼 임항선 그린웨이는 소박하고 여유로운 산책길 그 이상이었다. 이 공원은 마산이라는 도시의 삶과 풍경을 가로지르고 그 역사를 세로지른다. 대나무 숲을 통과해 치자꽃 향기를 맡으며 공원을 걷다 보면 마산의 근대를 이끈 마산항과 옛 마산세관을 만날 수 있다. 시간의 때가 내려앉은 오래된 주택들의 지붕이 눈 아래로 펼쳐지는가 하면 삐죽삐죽 올라온 아파트가 시야에 뒤섞이기도 한다. 고려시대 우물 몽고정이 등장하고 3·15 의거 김주열 열사의 인양지가 나타나는가 하면 일상의 속살 그대로의 회원철길시장이 발길을 멈추게 한다.

비에 젖어 무거운 발걸음을 잠시 돌려 그린웨이 중간 지점 추산동 언덕의 문신미술관으로 향했다. 파리에서 고향으로 돌아온 조각가 문신이 평생을 바쳐 가꾼 정원과 그의 힘찬 조각 작품들에 넋을 잃다가 시선을 돌렸더니 마산 앞바다가 보였다. 어린 시절 숱하게 들어봤지만 직접 불러본 적은 없는 마산의 노래 〈가고파〉(이은상 시, 김동진 곡)가 나도 모르게 입에서 터져 나왔다. "내 고향 남쪽 바다 그 파란 물 눈에 보이네. 꿈엔들 잊으리오 그 잔잔한 고향 바다. 지금도 그 물새들 날으리 가고파라 가고파…." 낯선 도시의 공원을 산책하며 여름을 이겨낼 힘을 얻고 돌아왔다.

마산 임항선 그린웨이.
도시를 관통하는 선형 공원이
도시의 삶과 역사를 세로지른다.

꼭 외국 같아요

하늘이 유달리 높고 맑았던 이 가을, 새로운 '핫플'로 갑자기 등극한 장소가 있다. 별다른 시설이 있지도 않고 분위기 좋은 카페가 기다리는 것도 아니지만, 들어가려면 한 시간 대기는 기본이고 만추의 기운 가득한 주말 오후엔 두 시간 넘게 긴 줄을 서야 한다. 그곳은 바로 용산공원이다. 용산공원? 용산공원은 적어도 10년은 더 지나야 개원할 텐데? 요즘 청년들은 용산 미군기지 장교숙소 단지로 쓰이다가 2020년 여름 문을 연 서빙고역 건너편 임시 개방 부지를 그냥 용산공원이라 부른다.

역사, 생태, 문화, 소통, 참여처럼 그 무게에 어깨가 내려앉을 것 같은 단어만 빼곡한 용산공원 기본계획 보고서를 쓰다 넌더리가 나서, 인스타그램 속 용산공원을 구경했다. 셀 수 없이 많은 '#용산공원' 포스팅이 쏟아진다. 개방 부지에서 찍은 사진들이다. 2, 3층짜리 붉은 벽돌 타운하우스, 세심하게 관리한 짙은 초록 잔디밭, 늦가을 단풍의 절정을 담은 풍경 사진들도 있지만, 인물 사진이 압도적으로 많다. 장안의 힙스터가 미군기지 한구석에 다 모였다. 최신 패션을 장착하고 나선 커플도 많지만, 혼자서 한가한 산책과 여유로운 피크닉을 즐기는 이들도 적지 않다.

사진 구경 못지않게 재미있는 건 역시 댓글 눈팅이다. 댓글의 주류는 '꼭 외국 같아요'다. "여기가 한국이라고?", "우리나라 아닌 것 같다"처럼 다양한 버전의 비슷한 댓글이 계속 달린다. "미국에 온 것 같아요"나 "미국 갈 필요 없어요"처럼 그 외국이 어딘지 지목하는 경우도 있고, "성수동보다 더 브루클린 같다"라거나 "서울의 브루클린이야"라는 식의 구체적인 평가도 있다.

견고하게 실용적으로 지은 벽돌집이 늘어선 주거단지의 어떤 면이 외국처럼 느껴졌을까. 저층 타운하우스 단지가 미국 교외 도시의 풍경과 엇비슷한 점도 있지만, 자세히 뜯어보면 경사형 지붕과 붉은 벽돌이 만들어내는 경관은 우리나라 도시의 평범한 골목에서 마주하는 익숙한 장면들과 크게 다르지 않다. 이 장소가 미군이 긴 세월 빗장을 걸고 거주한 금단의 땅이었다는 사실을 알고 '외국 같다'는 댓글을 쓰는 것도 아니다. 대부분의 방문자는 이 개방 부지가 기지를 공원으로 바꾸기 전에 임시로 문을 연 곳이라는 데는 관심도 없다. 그저 신상 공원이 하나 생겼고 하늘과 단풍이 근사하며 어수선한 도심 풍경과 달리 깔끔하고 사진도 잘 나온다는 정도의 긍정적인 느낌을 외국 같다고 표현하지 않았을까.

외국 같아요. 사실 이 말은 새로운 장소에 가거나 비일상적인 경관을 보고 우리가 무심결에 내뱉곤 하는 일종의 감탄사에 가깝다. 가지런하게 정돈된 도시 가로도, 새로 문을 연 화려한 백화점도, 공장이나 창고의 흔적을 살린 레트로풍 카페도, 울창한 숲과 야생 초화가 풍성한 공원도 외국 같다, 즉 이국적이라는 말 한마디면 다 통한다. 장소나 경관에서 새로움을 감각해 기분이 좋을 때 우리는 왜 열등감 속을 허우적거리는 것 같은 표현, '외국 같다'를 습관처럼 쓰는 것일까.

여러 문화권에 늘 존재한 '이국 취향exoticism'으로 설명할 수 있을지도 모르겠다. 이국 취향은 지금 여기에 없는 어떤 아름다움을 소유하려는 욕망이다. 평범한 일상 저 너머의 무언가를 동경하는 심미주의적인 태도와 연결된다. 가보지 않은 저기의 장소와 풍물을 여기에 상상으로 끌어오기. 시인 허수경의 산문집 《너 없이 걸었다》(난다, 2015)에서 만난 독일어 단어 '페른베Fernweh'까지 끌어들이면 너무 과한 해석일까.

'먼'이라는 뜻의 '페른Fern'과 '슬픔'을 뜻하는 '베Weh'가 결합된 '페른베'는 무작정 떠나고 싶은 마음, 먼 곳을 향한 멈출 수 없는 그리움을 뜻한다. 인스타그램 '#용산공원'에서 만난 '꼭 외국 같아요' 덕분에 흥미로운 새 연구 주제 하나가 생겼다.

인스타그램 '#용산공원'.

잔디밭에 들어가지 마시오

어쩌다 〈비정상회담〉 출신 청년들 틈에 앉아 여러 나라의 공원 문화에 대해 수다를 떠는 유튜브 예능 프로그램에 나갔다. 영국인 친구가 나보다 훨씬 유창한 한국어로 물었다. "왜 한국 사람들은 공원 잔디밭에 앉거나 눕기를 꺼리죠? 잔디에 대한 거부감이 있나요? 유럽 사람들은 옷까지 벗고 누워 즐기는데." 영국은 일조량이 부족해서 그렇고 우리는 햇빛이 풍부해 그늘을 찾느라 그럴 거라는 일반론으로 얼버무렸지만, 실은 우리 모두 잘 알고 있다. 잔디밭은 절대 들어가면 안 되는 금단의 땅 아닌가.

얼마 전까지만 해도 고궁이나 공원뿐 아니라 거의 모든 공공장소의 잔디밭에 견고한 철제 펜스와 함께 경고 푯말이 세워져 있었다. '잔디밭에 들어가지 마시오.' 내가 어린 시절을 보낸 아파트 단지에는 모든 동마다 넓은 잔디밭이 있었지만, 그곳을 가로지르며 뛰노는 건 모험을 넘어 일탈로 여겨졌다. 내가 일하는 학교의 행정관 앞에는 '총장잔디'라는 거룩한 이름의 잔디광장이 있지만, 그저 바라봐야만 하는 출입통제구역이다. 한번은 금기를 깨고 성역을 활보한 적이 있다. 벨벳처럼 부드러운 감촉에 황홀했지만, 꼭 빨간불에 횡단보도 건너는 느낌이었다. 등 뒤에서 호루라기 소리가 들리는 것 같은 착각마저 들었다. 순간 미셸 푸코의 책 제목이 떠올랐다. 감시와 처벌.

　잔디는 금단의 상징인 동시에 이상과 권위의 징표다. 개인의 저택이나 공공의 건물 앞에 장식용으로 심고 가꾸는 잔디밭은 베르사유 궁원으로 대표되는 17세기 프랑스 정원에서 본격 등장한다. 정원사들이 따라야 했던 원칙은 잔디라는 풀을 질서에 복종시키는 것. 자연의 풀들이 서로 뒤섞이지 않게 관리하려면 많은 노동과 비용이 필요했다. 이상주의 풍경화를 모방해 만든 18세기 영국 정원을 통해 잔디 초원은 정치 권력, 사회적 지위, 경제적 부의 상징으로 자리잡는다. 자연 구릉의 목초지처럼 보이는 영국식 정원은 야생 초화를 허용하지 않고 정갈하게 풀을 깎아 빈틈없이 줄 세운 통제와 관리의 산물이었다. 잔디 깎는 기계와 스프링클러가 없던 시절, 관조와 감상의 가치 외에는 아무것도 생산하지 않는 잔디밭을 완벽하게

통제와 관리의 산물인 잔디 초원은
정치 권력, 사회적 지위,
경제적 부의 상징이다.

위키미디어 커먼즈 제공

관리하기 위한 필수 조건은 자본과 농노였다.

　　낫으로 풀을 베는 시대가 끝나자 푸른 잔디를 동경하며 소유하는 계층의 폭이 넓어졌다. 특히 잔디 문화가 대서양 건너 아메리카 대륙에 이식된 뒤 잔디밭은 도시 교외 중산층의 필수품으로 보편화되었다. 오늘날 잔디는 미국에서 가장 넓은 공간을 차지하는 작물이 되었다. 그 면적이 옥수수밭의 세 배가 넘는다는 분석도 있다. 행복한 가정의 대명사인 푸르른 잔디마당, 그 미학적 규범은 균일과 질서, 정돈과 청결이다. 주말을 바쳐 풀을 깎는 가사노동에 근면과 예의, 가족주의와 시민 의식 같은 도덕적 의미가 부여되기도 한다. 잔디가 무릎까지 자라거나 잔디밭에 민들레가 침입하도록 방치하는 건 나태와 부도덕의 징표다. 강박과 중독에 가까운 잔디 사랑은 '종신 고문'에 비유되기도 한다. 잔디에 대한 동경은 두바이 같은 사막 도시에서도 다르지 않다. 영화 〈기생충〉에서 볼 수 있듯 한국의 부유층에게도 잔디밭은 자부심 충만한 공간이다.

　　전격 개방된 청와대 정원과 조감도 속 용산 대통령 집무실 앞마당은 여전히 녹색 잔디 카펫의 권위를 붙들고 있지만, 지구촌 전역의 잔디 신화는 서서히 저물고 있다. 기후변화의 타격을 입고 있는 지역에서는 잔디밭 자체가 퇴출되는 중이다. 수년째 극심한 가품을 겪고 있는 미국 캘리포니아주 남부에서는 잔디가 말라죽어도 내버려둬야 한다. 네바다주는 비기능성 잔디밭을 아예 불법화했다. 과도한 시간과 에너지, 막대한 양의 수돗물과 농약, 해로운 살충제와 제초제에 의해 유지되는 초원. 이제 미학적으로도 올드 패션이다.

녹색 잔디 카펫의 권위.

윤석열 대통령 당선인 대변인실 제공

다시, 변신을 꿈꾸는
엘리제의 들판

¶ 파리 샹젤리제

도시계획의 종주 도시 파리가 또 한 번의 변신을 꿈꾼다. 2021년 1월, 안 이달고 파리 시장은 샹젤리제 거리를 '특별한 정원extraordinary garden'으로 개조하는 계획을 발표해 전 세계 언론의 주목을 받았다. 세계에서 가장 아름다운 도시 가로로 이름 높지만 자동차와 오염, 관광과 소비에 점령당한 샹젤리제 거리를 생태적이고 포용적인 장소로 되살려낸다는 장기 프로젝트다. 2030년까지 약 2억 5천만 유로(3340억 원)의 예산이 투입된다.

개선문이 있는 샤를 드골 광장과 콩코르드 광장을 잇는, 길이 2킬로미터에 폭이 70미터인 샹젤리제 거리는 프랑스의 국가 상징 가로이자 화려한 명품 쇼핑 거리로 유명하다. 1667년, 태양왕 루이 14세의 정원사이자 베르사유의 설계자인 앙드레 르노트르가

튀일리 정원에서 도시로 뻗어나가는 길을 설계하면서 가로의 형체를 갖추기 시작했다. '그랑 쿠르Grand Cours'라 명명된 넓은 산책로 양쪽으로 두 줄의 플라타너스 가로수가 늘어섰고 프랑스식 정원도 조성됐다.

앙리 4세의 왕비 마리 드 메디시스가 즐겨 걸어 '여왕의 산책로'라고도 불리던 이 길은 18세기에 들어서며 변모한다. 1709년, 산책로를 확장하면서 '엘리제의 들판'이라는 뜻의 샹젤리제Champs-Élysées로 이름도 바뀌었다. 엘리제는 그리스 신화의 낙원이다. 18세기 말, 가로수가 하늘을 덮을 정도로 높고 풍성하게 자란 샹젤리제 거리는, 혁명의 도시 파리 시민들이 일상의 산책과 피크닉을 즐기는 대중적 공공 공간으로 자리잡기 시작한다. 파리가 나치 독일로부터 해방된 1944년 8월 25일, 드골 장군은 개선문에서 출발해 콩코르드 광장까지 샹젤리제 거리를 따라 시민들과 함께 행진했다. 프랑스 현대사의 중요한 사건들이 일어난 샹젤리제 거리는 파리를 대표하는 역사적 장소로 발돋움한다.

파리에 가보지 않은 사람들도 대부분 샹젤리제 거리를 안다. 감미로운 멜로디의 샹송 〈오aux 샹젤리제〉 때문일 것이다. 프랑스어를 모르더라도 부를 수 있는 경쾌한 후렴구를 따라 부르다 보면, 마치 열병식 장면처럼 가로수가 직선으로 늘어선 파리의 도심을

도시의 욕망이 쌓인 샹젤리제를
'특별한 정원'으로 개조한다.

위키미디어 커먼즈 제공

흥겹게 산보하는 착각을 하게 된다. 이 노래의 가사처럼 "샹젤리제에는 … 당신이 원하는 것은 무엇이든 다 있다."

하지만 임대료가 세계에서 가장 비싸다는 번화한 거리, 도시의 욕망과 소비가 겹겹이 쌓인 샹젤리제는 고유의 장소성을 잃은 지 오래다. 샤넬, 에르메스, 루이비통, 메르세데스 벤츠 같은 명품 브랜드의 플래그십 매장만 즐비하다. 시간당 평균 3000대의 차량이 통과하는 혼잡한 대로는 파리를 순환하는 고속도로보다 대기오염을 더 많이 유발한다고 한다. 코로나19로 관광이 중단되기 전에는 매일 10만 명이 이 길을 걸었는데 그중 72퍼센트가 관광객이었다고 한다. 정작 파리 시민은 찾지 않는 한물간 관광지, 고급 공항면세점의 야외 버전 같은 샹젤리제. 인류학자 마르크 오제 식으로 말하면 바로 '비장소non-place'일 테다.

엘리제Élysée(낙원)의 영예를 더 이상 담지 못하게 된 샹젤리제 거리를 개선하기 위해 2018년 '샹젤리제위원회'가 결성됐고, 시민 9만 6000명의 의견을 수렴해 만든 구상이 이번에 이달고 시장이 발표한 '특별한 정원' 프로젝트다. 차도를 반으로 줄여 보도 폭을 두 배로 넓힌다. 파리의 건축 설계사무소 PCA 스트림이 제작한 설계안 동영상을 보면, 2030년의 샹젤리제 거리는 넓은 녹지대와 풍성한 나무 터널 사이를 마음껏 걷고 어디서나 앉아 쉴 수 있는 도시 산책자의 낙원이다. 파리올림픽이 열릴 2024년까지 우선 콩코르드 광장과 그 주변을 개선하고, 나머지 구간은 2030년까지 단계적으로 바꿔나간다고 한다.

이 프로젝트의 배경에는 2020년 6월 재선에 성공한 안 이달고 시장의 도시 혁신 공약, '파리를 위한 선언'이 있다. 이달고는 새 임기 6년간의 시정 비전으로 생태, 연대, 건강을 제시하면서 이렇게 말했다. "도시가 직면한 위기에 맞서기 위해 사회 정의와 환경 보호를 모든 정책의 중심에 놓아야 한다. 경제적 효율성 때문에 생태적 이상을 포기할 때가 아니다. 도시를 회복해야 건강도 지킬 수 있다. 생태는 미래를 위한 가치의 중심이다." 샹젤리제 거리의 '특별한 정원'화는 파리 전역의 차량 속도를 시속 30킬로미터로 제한, 집과 직장과 학교를 15분 안에 오가는 '15분 도시'로 차량 교통 제어, 주차장 면적을 절반으로 줄이고 도시 전체에 자전거도로·보도·녹도 형성, 고층 개발 백지화와 대형 숲 조성, 시민들의 새로운 연대 등의 공약을 구현하기 위한 프로젝트라고 볼 수 있다.

팬데믹의 충격에서 세계의 어느 도시도 자유롭지 않았다. 역설적이게도 가장 선진적인 경제 시스템과 정치 체제를 자랑하던 도시일수록 공간적 기반 자체가 흔들렸다. 코로나 이후의 도시가 가야 할 길을 예견하는 많은 목소리가 녹색과 공공성에 초점을 맞추는 지금, 이달고 시장의 파리 선언과 샹젤리제 계획은 '뉴 노멀'을 준비하는 지구촌 많은 도시들이 뒤따를 모델이 될 가능성이 크다.

샹젤리제와 파리의 변신에 마냥 환호를 보내는 태도에 대해서는 경계의 시선도 필요하다. 자동차의 추방, 자동차의 도시에서 사람의 도시로의 전환이라고 요약할 수 있는 구상에 왜 '정원'이라는 상표를 달았을까. 복잡한 이해관계가 치열하게 얽힌 도시 혁신에 낭만의 정원을 대입한 이유는 무엇일까. 은유로서의 정원은 시민의 공감을 얻기 쉽지만, 이 낭만적인 은유가 다른 도시들로 속속 전파되면 피상과 장식으로 흐를 우려도 적지 않다. 우리는 자연의 외피를 흉내내며 녹색을 앞세운 계획들이 졸속의 과시적 행정으로 치달은 선례를 숱하게 목격하지 않았던가.

공원의 보존과 재생

¶ 로런스 핼프린을 추억하며

내가 편집주간을 맡고 있는 월간 〈환경과조경〉에서 도시공원의 보존과 재생 이슈를 특집 지면에 다룬 달, 마음 한구석에 묻어둔 추억의 모더니스트 로런스 핼프린Lawrence Halprin을 다시 만났다. 조경가 핼프린을 처음 만난 건 대학원생 시절이었다. 학교 도서관 서가에서 무심코 뽑아 든 그의 작품집 속 사진 한 장에 가슴이 뛰었다. 1970년 6월 23일, 포틀랜드 도심 '러브조이 플라자Lovejoy Plaza' 개장일의 장면을 담은 흑백사진이었다. 시에라산맥의 풍경을 거친 콘크리트 물성으로 재해석해 빚어낸 폭포와 계단 그리고 얕은 연못, 그곳을 가득 메운 청년들의 힘찬 기운과 활력이 담겨 있었다.

러브조이 플라자는 1960~1970년대의 저항 문화와 신사회 운동을 도시 한복판으로 불러낸 공감각의 무대였다. 당시 노트 한구석에 이렇게 적었던 기억이 난다. "로런스 핼프린, 공감각적 공간 안무가." 핼프린에 깊이 빠진 나는 그의 작품들을 여러 편의 글에 인용했다. 나의 옛 논문을 다시 들춰보니, 무려 이런 말까지 쏟아냈다. "환경과 신체의 대화를 시도한 핼프린의 실험은 자연의 역동적 경험과 도시의 일상 문화를 결합시킨 러브조이 플라자에서 절정에 이른다. 그것은 멀리서 눈으로 관조하는 장식적 폭포가 아니다. 사람들은 폭포에 기어오르거나 폭포 아래 연못에 들어가 자연과 삶의 생동을 공감각적으로 경험한다. 그의 작업은 우리를 경관의 구경꾼에서 환경의 참여자로 되돌려놓는다."

문제는 나의 신체로 직접 경험해보지 않았다는 점. 책으로 연애를 배우면 늘 자신 없는 법이다. 핼프린의 작업에 뭔가 빚진 느낌을 지울 수 없었다. 세월이 한참 흐른 뒤 시애틀에서 연구년을 보내면서 나는 핼프린에 대한 부채 의식을 떨칠 수 있었다. 도심 고속도로 상부에 공원을 덮어 단절의 문제를 해소한 시애틀의 프리웨이 공원Freeway Park, 그리고 그 형태의 디자인 원형을 실험하며 도시 재생의 해법을 제시한 포틀랜드의 켈러 공원Keller Fountain Park을 눈과 귀, 손과 발로 체험하며 비로소 나는 핼프린이 꾀한 공감각적 장소감의 현재성에 참여할 수 있었던 것이다.

시에라산맥의 경관을
입체 그리드로 추상화한
포틀랜드 켈러 공원.

핼프린은 러브조이 플라자, 켈러 공원, 페티그로브 공원Pettygrove Park 등으로 구성된 '포틀랜드 오픈스페이스 시퀀스'를 1963년부터 1971년에 걸쳐 설계했다. 도심 쇠퇴와 경제 불황을 겪던 포틀랜드의 도시 문제를 선형 공간으로 치유하고자 한 시도였다. 구도심 한가운데 여덟 블록을 보행로, 공원, 광장, 숲으로 신경망처럼 잇고 엮은 선형 오픈스페이스는 도시 공공 공간의 미학적 혁신을 가져왔을 뿐 아니라 도시재생과 지역 경제 활성화의 촉매 역할을 하게 됐다. 이러한 평가는 포틀랜드 오픈스페이스 시퀀스를 재해석한 책 《혁명이 시작된 곳Where the Revolution Began》(Spacemaker, 2009)의 제목에 단적으로 담겨 있다. 건축 비평가 에이다 루이즈 헉스터블은 켈러 공원을 "르네상스 이후 가장 중요한 도시 공간 중 하나"라고 평했다.

미국 북서부 특유의 겨울비가 내리던 날, 떨리는 마음을 누르며 포틀랜드 오픈스페이스 시퀀스를 걸었다. 음습한 날씨와 원형 복원 공사 탓에 인적은 드물었지만, 시에라산맥의 절벽과 계곡 풍경을 입체 그리드로 추상화한 콘크리트 조형 경관의 힘은 오래전 기억 속의 사진 그대로였다. 산의 형세와 산맥의 형태, 물의 흐름과 퇴적을 재해석한 러브조이 플라자와 켈러 공원의 경관 위로 흑백사진 속 청년들의 역동적 몸짓이 자연스레 겹쳐졌다.

2001년, 핼프린이 남긴 공원 유산을 보존하고 유지하기 위해 '로런스 핼프린 경관 컨저번시'가 구성됐다. 이 단체의 노력으로 포틀랜드 오픈스페이스 시퀀스는 2013년 3월, 도시공원으로서는 드물게 '국가 사적지'에 등재됐다. 50년 넘는 풍화의 상흔을 치유하고 원형대로 복원하는 프로젝트가 진행돼 2019년에 마무리됐다. 복원과 보존을 위한 이러한 노력은 시애틀 프리웨이 공원에도 영향을 미쳤다. 고속도로 덮개 공원의 새 장을 연 프리웨이 공원은 도시의 변화와 함께 위험한 장소의 대명사로 퇴락해갔다. 콘크리트 폭포와 분수 일부를 철거하는 리모델링 계획이 세워졌으나 핼프린 컨저번시와 경관문화재단이 강하게 반대해 원형 유지와 개선 사이의 접점을 찾았다. 2019년 말, 프리웨이 공원도 국가사적지로 등록되기에 이른다.

최근 국내에서도 서울 목동 파리공원과 오목공원을 비롯한 20세기 후반의 도시공원들을 고쳐 쓰는 움직임이 시작됐다. 복원과 변경, 보존과 재생의 충돌이라는 난제를 마주한 지금, 로런스 핼프린의 유산을 둘러싼 그간의 쟁점과 교훈을 꼼꼼히 살펴볼 필요가 있다.

광장에서 공원으로, 그리고

¶ 여의도공원

여의도공원은 인기가 없다. 여의도에서 한강
공원이나 샛강생태공원은 항상 북적이지만 여의도공
원은 늘 한산하다. 주변 직장인들의 점심 산책 코스
정도로 쓰일 뿐, 다른 시간대와 주말에는 텅텅 빈다.
23만 제곱미터 면적에 뉴욕 센트럴파크를 연상시키
는 형태와 도시 조건을 갖추고 있음에도 '노잼' 공원
취급을 받는 이유는 무엇일까. 공원 설계의 문제가 아
니다. 국가 주도 계획도시인 여의도의 개발사와 도시
구조가 복잡하게 얽힌 문제다.

여의도 일대는 한강 물이 불어나면 수면 아래
로 잠기는 광활한 모래톱이었다. 주변의 밤섬까지 연
결된 모래톱이 200만 평에 달했는데, 밤섬은 뽕나무
밭으로, 여의도는 목축장으로 주로 쓰였다. 1916년
일제가 비행장과 활주로를 건설하면서 여의도에 처

음 근대적 도시 기능이 탑재된다. 여의도 비행장은 일본과 만주, 중국, 유럽을 연결하는 항공기의 기착지 역할을 했다. 해방 이후 미군이 이어받았고, 1971년까지 대한민국 공군의 최전방 기지로 쓰였다.

1960년대 말, 인구 포화 상태에 이른 서울이 한강과 강남 일대로 확장되기 시작하면서 여의도 개발이 본격화된다. 여의도 제방을 쌓는 골재를 마련하기 위해 1968년 2월 밤섬을 폭파했다. 불도저 시장 김현옥은 '서울은 싸우면서 건설한다'는 구호를 내걸고 돌격전을 펼쳐 같은 해 5월 여의도를 둘러싸는 7.5킬로미터의 윤중제를 완공해냈다. 건축가 김수근이 주도해 입체 도시 개념을 담은 마스터플랜을 작성했지만, 서울시의 재정이 빈약해 수정될 수밖에 없었다.

박정희 대통령의 지시로 계획에 없던 대형 광장이 여의도 중앙에 들어선다. 당시 서울시 담당자였던 손정목의 기록 《서울 도시계획 이야기 2》(한울, 2003)에 따르면, 대통령이 빨간 색연필로 도면 위에 광장의 위치와 크기, 형태를 직접 잡았다고 한다. 1971년 국군의 날 직전에 완공된 광장은 여의도를 동서로 갈라놓았다. 길이 1350미터, 너비 280~315미터의, 55만 명을 수용할 수 있는 초대형 순수 아스팔트 광장은 '5·16광장'으로 불리며 군사 퍼레이드, 관제 집회, 반공 궐기대회의 장으로 사용됐다. 대규모 종교 행사에

100만 명이 운집한 1984년
한국 천주교 200주년 대회.

서울역사아카이브 제공

국가기록원 제공

1990년대 초 여의도광장.
자전거와 롤러스케이트를 즐기는
서울의 대표적인 여가 공간이었다.

도 종종 쓰였는데, 1973년 빌리 그레이엄 목사의 부흥회, 1984년 교황 요한 바오로 2세가 참석한 한국 천주교 200주년 대회 때는 무려 100만 군중이 운집했다.

1980년대 후반부터 국가 광장에서 시민 광장으로 성격이 변모하기 시작한다. 5·16광장에서 여의도광장으로 명칭이 바뀐 이곳은 1987년 직선제 대통령 선거의 유세장으로 쓰였다. 1990년대 초에는 시민사회의 집회와 시위가 연일 개최되며 오늘날의 광화문광장 같은 역할을 했다. 이 무렵의 여의도광장은 자전거와 롤러스케이트를 즐기는 인파로 가득한 서울의 대표 여가 공간으로 우리 기억에 남아 있기도 하다.

1995년 지방자치제의 부활과 함께 광장의 시대가 저문다. 민선 1기 조순 서울시장은 '21세기 환경 도시 건설'을 목표로 '공원녹지 확충 5개년 계획'을 세웠고, 최소 재원으로 최대 효과를 내는 전략 사업으로 여의도광장 공원화를 추진했다. 군사 정권과 전체주의의 상징인 광장을 시민의 공원으로 전환하는 계획은 지지를 받았지만, 광장의 형태와 기능을 유지하면서 시민 문화를 수용하는 다용도 공간으로 고치는 게 낫다는 반론도 적지 않았다.

그럼에도 광장의 공원화는 급물살을 탔고, 1996년 말 여의도공원 설계공모가 급하게 진행됐다. 녹색 정치의 서막을 연 이 공모전의 당선작은 제출작

중 가장 보수적이고 일면 진부한 설계안이었다. 그마저도 자연과 전통을 표피적으로 조합한 안으로 수정된 뒤 속전속결 공사를 거쳐 1999년 1월 여의도공원의 문이 열렸다. 광장의 자리에 들어선 공원은 20년 세월을 겪으며 광장의 사건과 기억을 완전히 지워냈다. 아쉽게도 시민들은 이 무심한 녹색 공원에 큰 매력을 느끼지 못한다. 전문가들은 공원이 여의도를 동서로 단절하는 구조적 문제, 접근성과 일상성이 떨어진다는 문제를 지적한다.

최근 서울시는 "도시 경쟁력 향상을 위해 창의·혁신적 디자인의 수변 랜드마크를 건립한다"는 목표로 여의도공원에 '제2세종문화회관'을 짓는 프로젝트를 진행하고 있다. '그레이트 한강' 사업의 선도 아이템이고, 모델은 함부르크 수변의 엘프필하모니 콘서트홀이다. 비싼 랜드마크로 도시 발전을 이끌겠다는 구상, 좀 20세기적이지 않은가. 모래섬, 비행장, 도시 개발, 광장 정치, 녹색 공원이 포개진 혼종의 공간 여의도(공원)에 지금 필요한 건 다음 50년을 위한 장기적 재편 계획이다.

5·16광장 자리에 들어선 여의도공원.
여의도를 동서로 단절하는 구조적 문제,
접근성과 일상성이 떨어지는 문제를 안고 있다.

서울역사아카이브 제공

어느 광장의 추억

¶ LA 퍼싱 스퀘어

입지 조건은 누가 봐도 뛰어나지만 그 어떤 업종이 들어와도 장사가 안되는 팔자 사나운 건물이 더러 있다. 광장이나 공원 같은 공공 공간도 기구한 운명을 겪는 경우가 적지 않다. 구조와 형태를 계속 바꾸고 다른 디자인으로 덧칠을 해도 불운한 장소성이 쉽게 바뀌지 않는다. 미국 로스앤젤레스 다운타운의 '퍼싱 스퀘어Pershing Square'도 그런 곳 중 하나다.

〈환경과조경〉에 퍼싱 스퀘어 리노베이션 설계 공모전을 다루는 특집 지면을 기획하다 몇 년 전 기억이 떠올랐다. LA 출장 중에 여유 시간이 생겨 현지에 사는 한 후배에게 신세를 졌다. 이국땅에서 들이부은 소주에 취해 깨어나지 못하는 선배의 손에 그는 아파트 열쇠와 다운타운 지도 한 장을 쥐어주고 다른 도시로 떠났다. 친절하게도 그 지도에는 걸어서 가볼 만한 스타 건축가와 조경가의 작품들이 표시되어 있었다. 프랭크 게리의 디즈니 콘서트홀, 톰 메인의 여러 건축 작업, 이미 고전이 된 로런스 핼프린의 광장과 공원들을 스치듯 둘러보다 어느 광장 입구에 도착했다. 지도를 보니 거친 X자와 함께 '로리 올린, 위험, 가지 마세요'라는, 굵은 사인펜으로 휘갈겨 쓴 후배의 메모가 적혀 있었다. 퍼싱 스퀘어였다.

존경하는 올린 할아버지가 설계한 광장을 그냥 지나칠 수는 없다. 당당히, 거침없이 광장으로 걸어 들어갔다. 도심의 고층 빌딩들 사이에 파묻힌 장방형 공간, 넓이는 오륙천 평 남짓. 주변 가로보다 높아서 계단으로 광장에 올라가는 형식이 생경하다. 정체를 알 수 없는 보라색 콘크리트 탑 안에 오렌지색 공이 들어 있고, 같은 색의 큰 구형 조각물들이 바닥에도 널려 있다. 루이스 바라간의 작품을 연상시키는 짙은 노란색 가벽이 광장을 가로지르고, 촘촘히 늘어선 진분홍색 원기둥들이 광장과 가로를 경계 짓는다. 아무 방향으로 카메라를 대충 들이대도 작품이 나오는 극강의 사진발.

셔터 누르기를 멈추고 광장 중앙의 바닥분수 곁 앉음벽에 걸터앉았다. 그제야 불안감이 엄습했다. 식은땀이 등줄기를 타고 흘렀다. 부담스러울 정도로 화려한 색채 때문은 아니었다. 광장 자체가 곧 예술 작품이라고 외치는 강렬한 조형 탓도 아니었다. 까닭 없이 불안했지만 후배의 경고처럼 위험을 감지하지는 못했다. 잠시 시간이 흐르자 의문이 풀렸다. 광장에 아무도 없었던 것이다. 내가 느낀 불안감의 원인은 북적이는 도심 한복판 광장에 나 혼자 있다는 데 있었다. 활력 넘치는 거리로 둘러싸인 요지에, 세상 어느 곳보다 밝은 캘리포니아산 태양빛이 쏟아지는 매력적인 장소에 왜 아무도 없는 것일까. 《이방인》의 뫼르소에 버금가는 아찔한 현기증에 담배를 꺼내 물었다.

불안감이 공포감으로 급변했다. 분명히 나 혼자였는데 순식간에 서른 명 가까운 사람들이 나를 둘러쌌다. 광장 구석구석 그늘에 흩어져 있던 남루한 차림의 노숙인들이, 퀭한 눈빛의 마약 중독자들이 모여든 것이다. 귀까지 얼어붙어 그들의 말을 전혀 알아듣지 못했지만 손동작을 보고 담배를 요구하는 것임을 즉각 알아챘다. 두려웠지만 태연하게 웃으며 주머니 속의 한 갑과 카메라 가방 속의 비상용 한 갑까지 꺼내 아낌없이 건넸다. 그들은 바로 나를 '브로'라 부르며 형제로 대했다. 몇 분 뒤 우리는 모두 흩어져 각자의 자리로 돌아갔다.

1866년 조성된 이 광장은 무려 일곱 차례나 옷을 갈아입었다. LA 시민들이 외면하다 못해 혐오하기까지 한다는 현재의 퍼싱 스퀘어는, 뉴욕의 골칫덩이

일곱 차례나 옷을 갈아입은
골칫덩이 광장,
LA 퍼싱 스퀘어.

브라이언트 공원을 성공적으로 개조한 조경가 로리 올린과 멕시코 출신 건축가 리카르도 리고레타가 협력해 설계한 1994년 버전이다. 이곳이 기피와 소외의 장소로 전락하게 된 건 1950년대의 개조 작업 때문이라고 한다. 지하에 주차장을 넣느라 지면을 주변 가로보다 올리고 높은 담으로 광장을 가둔 게 패착이었다. 그러고 나서는 이리 바꾸고 저리 고쳐도 공포와 배제의 장소성을 지울 수 없었다.

마침내 여덟 번째 리노베이션이 시작됐다. 높게 올린 지면을 낮춰 광장과 주변 지역의 연결성을 회복하고 녹지 공간으로 변신을 꾀하는 설계공모가 진행된 것이다. 당선작의 해법은 단순하다. 적당한 양의 수목과 넓은 잔디밭만으로 공간을 구성해 풍성한 녹음과 탁 트인 시야를 확보한 게 전부다. 프랑스 조경 설계사무소 아장스 테르의 당선작뿐 아니라 다른 세 결선작도 비슷하다. 모두 '녹색 별천지'다. 이 '공원 같은 광장'이 실현될지는 아직 미지수다.

광장의 공원화 사례로 뉴욕 맨해튼의 '제이컵 재비츠 광장Jacob Javitz Plaza'도 빼놓을 수 없다. 50년간 다섯 번 바뀐 이 광장은 조각가 리처드 세라의 문제작 〈기울어진 호Tilted Arc〉가 설치되면서 논란에 휩싸였다. 내후성강판으로 만든 길이 37미터, 높이 4미터의 선형 조형물이 광장을 가로지르며 시선과 동선을 차

공원 같은 광장.
아장스 테르가 설계한
여덟 번째 퍼싱 스퀘어.

© Agence Ter

단했다. 조형물이 억압의 감정을 일으킨다는 불만이 끊이지 않았다. 마침내 법원이 시민들의 철거 요구를 받아들여 당대의 실험작은 8년 만에 해체됐다. 이후 조경가 마사 슈워츠가 포스트모던한 디자인의 벤치와 플랜터로 광장의 활성화를 꾀했지만 역시 대중의 공감을 얻지는 못했다. 공은 다시 조경가 마이클 반 발켄버그에게 넘어갔고, 해체와 철거를 거듭한 기구한 광장에는 이제 봉긋한 둔덕들과 화사한 목련나무들을 욱여넣은 공원이 들어섰다. 공원으로 광장을 되살릴 수 있을까.

　　나와 함께 집단 흡연을 즐겼던 그들은 이제 어디로 갈까. 이번 퍼싱 스퀘어 프로젝트의 지향점은 결국 동굴처럼 닫혀 있던 광장을 열어 노숙자와 부랑인을 도시의 또 다른 어느 동굴로 몰아내는 것이나 다름없다. 지속가능한 운영과 관리를 위해 민관이 협력하는 비영리 주식회사까지 만들었으니 새로운 퍼싱 스퀘어는 안전하고 청결하고 낭만적인 녹색의 별천지로 당분간 유지될 수도 있을 것이다. 하지만 미래의 어느 시점에는 아홉 번째 변화를 겪게 될 것이다. 퍼싱 스퀘어의 어제와 오늘 그리고 내일을 두고 몇 가지 질문을 던지지 않을 수 없다. 디자인은 도시를 구원할 수 있는가? 공원은 자본주의 도시의 면죄부인가? 녹색 공간은 도시 정치의 만병통치약인가?

공원으로 광장을
구원할 수 있을까

¶ 새 광화문광장

그해 가을은 광장의 계절이었다. 겨울을 넘겨 이듬해 봄이 움틀 때까지, 광화문광장을 촛불로 타오르게 한 집회에 연인원 1500만 명이 참가했다. 차디찬 계절의 뜨거운 광장을 통과하며 〈환경과조경〉은 특집 '광장의 재발견'을 기획했다(2017년 3월호). 당시 김정은 에디터(현 〈Space〉 편집장)가 쓴 특집 서문의 일부를 옮긴다.

"1987년 6월 민주화 항쟁 이래 최대의 인파, 광장의 역사를 새로 쓴 날 … 우리는 광장을 뒤덮은 인파를 보며 주체적 시민의 힘에 압도되기도 하고, 그 축제적 가능성에 전율하기도 한다. 한국의 도시민에게 광장은 익숙한 공간이 아니었다. 그러나 1960년 4·19 혁명을 통해, 긴 침묵 후 1987년 6월 민주화 시위를 통해 시민이 주체가 된 광장을 발견했다. 그리고

2002년 월드컵과 촛불집회를 통해 우리는 광장을 매개로 집단적 정치 참여를 축제로 만들 수 있다는 사실을 자각했다. 폭발적으로 또 반복적으로 광장이 형성되고 있는 지금의 광화문광장 현상은 광장과 광장 문화에 대한 다양한 해석과 논의를 촉발하고 있다. …여러 공공 공간 가운데 광장만큼 일상적 이용과 비일상적 이용이 확연하게 구분되는 공간이 있을까. 광장만큼 도시와 장소의 맥락, 정치와 역사적 상징과 관련된 공간이 있을까. 그럼에도 전 세계적으로 광장이 녹음을 드리운 공원과 유사한 오픈스페이스로 변신하는 현상은 무엇을 의미하는가."

2018년 여름, 서울시는 만든 지 10년도 안 된 광화문광장을 뜯어고치는 프로젝트를 갑작스레 시작했다. 섬처럼 단절된 광장을 세종문화회관 쪽으로 붙여 확장하고 광화문 앞에는 일제강점기 때 훼손된 월대와 해태상을 복원한 역사광장을 조성한다는 구상이었다. 1천억 원의 예산이 들어가고 3.7배 넓어지는 이 사업의 명분은 두 가지였다. 하나는 '시민의 일상과 조화된 보행 중심 공간화'이었고, 다른 하나는 '잃어버린 역사성 회복'이었다. 광장을 처음 만들 때와 거의 유사한 이 석연치 않은 목적에 많은 전문가와 시민사회는 강한 반대 의견을 냈다.

©서울시

광장이란 무엇인가.
옛 광화문광장(왼쪽)과 새 광화문광장(오른쪽)

2009년 완공된 광화문광장의 형태와 디테일이 아쉬운 건 사실이지만, 시장이 바뀔 때마다 대형 공공 공간을 재조성하는 게 능사는 아니다. 광장이 아니라 "세계 최대의 중앙분리대"라는 그간의 비판에는 물론 일리가 있다. 처음 지을 때 많은 전문가가 낸 의견처럼 광장을 세종문화회관 쪽으로 붙였다면, 시민의 일상과 더 넓은 접면을 가지고 문화적 시너지를 발휘하면서 더 활기차고 편리한 보행 중심 공간이 되었을 수도 있다. 그렇더라도 당장 뜯어고쳐야 할 당위성이 충분한 건 아니다. 하나의 정답을 정해놓고 그것에 맞지 않다고 개조하는 건 근시안적 열망이 낳은 과잉 계획일 수 있다. 필요할 때마다 차도를 막아 광장으로 유연하게 쓰는 방법도 있다. 주말에 차량을 전면 통제해 보행자의 해방구를 만들어도 된다. 세종문화회관 쪽 보행 접근성을 개선해야만 광장을 교정할 수 있는 것도 아니다. 이전 예정인 미국 대사관 쪽으로 광장을 붙이면 종로와 청계천 방향 보행 흐름에 숨통이 트인다. 파리의 샹젤리제처럼 도로 양쪽의 보행로를 대폭 넓혀 광장처럼 사용할 수도 있다. 장기적으로 입체 교통 계획을 세워 차량을 지하로 보내고 세종로 전체를 보행 전용 광장으로 완성하는 큰 그림을 그려갈 수도 있다. 이런 그랜드 플랜에는 오랜 시간에 걸친 연구와 실험이 뒷받침되어야 한다.

'잃어버린 역사성 회복'이라는 명분도 설득력이 약했다. 왜 역사광장이라는 이름으로 경복궁 앞터를 복원하는 데 집착하는가. 광화문광장 재구조화의 핵심 중 하나는 경복궁 앞 월대와 해태상을 복원해 역사광장을 조성한다는 것이었다. 해방 이후 세종로와 광화문 일대에서 펼쳐진 많은 철거와 복원 행위의 대부분은 전근대 조선 왕조를 순수의 원형으로 삼고 그것을 단편적으로 소환하는 형식을 취해왔다. 일제의 유산을 지우고 조선의 흔적을 표피적으로 복원하는 것을 정치적 스펙터클의 창출에 이용한 경우가 많았다. 새 광화문광장이 내세운 '잃어버린 역사성 회복'에 대해서는 심층적 토론이 필요하다. 이 일대는 현대사를 뒤바꾼 여러 사건과 그 의미가 적층된 살아 있는 역사의 현장이기도 하다. 촛불로 타오른 시민혁명의 기억도 조선의 왕궁이나 육조거리 못지않게 소중하다. 궁궐의 권위와 존엄을 상징하는 시설을 제자리에 놓고 의정부와 삼군부 터를 발굴하는 것이 "권력의 공간을 국민에게 주는 것"이라고 정당화되는 논리는 어디에서 온 것일까. 역사광장을 위해 도심 한복판의 교통 구조를 기형화하는 구상은 '잃어버린 역사성 회복'이라는 수사 어구만으로 설명되지 않는다. 역사적 의미가 있는 옛 도시 구조와 형태는 면밀한 조사를 통해 체계적으로 기록해놓으면 충분하다고 볼 수도 있다.

전근대 왕조의 흔적과 근현대사의
파편이 뒤섞인 혼돈의 장소를
'공원'으로 교정할 수 있을까.

© 조용준

전근대의 왕궁 일대를 복원하는 광장 재구조화가 민주공화국 시민의 품에 안겨줄 수 있는 것은 무엇인가.

무엇보다도 우려를 낳은 점은 사업의 속도였다. 토건 시대의 속도전으로 진행할 일이 아니었다. 서울시는 2018년 7월말 전문가와 시민 150명이 참여하는 시민위원회를 출범시키고 형식적으로나마 공청회를 열었다. 초대장 마지막 문장은 이랬다. "광화문 시대를 여는 새로운 광화문광장을 조성함에 따라 … 광화문시민위원회를 구성하여 논의를 다시 시작하려고 합니다." 논의를 다시 시작한다면서 10월에 설계 공모전을 공고했고, 2019년 1월 서울시의 구상과 거의 똑같은 설계공모 당선작을 선정했다. 같은 해 연말에 실시 설계를 마치고 공사에 들어가 2021년 5월에 완공한다는 과속 주행 스케줄이 이미 정해져 있었다. 이 프로젝트가 전시성 포퓰리즘 공간 정치의 산물이 아니라면, 밀실에서 광장으로 나와 진정한 광화문 시대를 여는 과정의 첫걸음이라면, 광장의 미래를 다음 세대가 선택할 수 있도록 말 그대로 "논의를 다시 시작"했어야 한다.

2020년 여름, 광속으로 사업을 주도하던 서울 시장이 광장에서 사라졌다. 공사는 이미 시작됐지만 더 이상 강행되지는 않을 것이라는 모두의 예상과 달리, 새 시장은 10년 전 자신이 만든 광장에 새 옷을 입혔다. 최종 계획안의 골자는 당선작과 마찬가지로 광장을 서측으로 확장해 공원처럼 나무와 꽃을 풍성하게 심고 6차선으로 계획했던 동측 차로를 6~7차로로 넓혀 교통 정체를 최소화하는 것이었다. 서울시는 "자연과 공존하며 재난에 대비할 수 있는 생명력을 갖춘 '생태문명도시'로 본격적 전환을 하는 사업"이 될 것이라며 또 다른 의미를 부여했다.

목적, 과정, 결과가 따로 놀며 뒤엉켜버린 광화문광장 재구조화는 숙의와 합의의 과정을 거치지 않고 직진했다. 왜 하는지, 누구를 위한 것인지 소통과 토론을 건너뛴 채 진행된 새 광화문광장 프로젝트는 결국 2022년 8월 초, 공원의 옷을 입고 일단락됐다. 서울시 보도자료의 머리글은 "녹지 면적 3.3배로 늘어난 '공원 품은 광장'"이다. 광장의 4분의 1을 녹지로 채웠고, 녹음이 풍부한 편안한 쉼터에서 일상의 멋과 여유를 즐길 수 있도록 나무를 5000그루 심었다고 한다. 역사성 회복과 접근성 향상을 명분 삼아 시작된 공간 정치 프로젝트가 자연 브랜드와 휴식 아이템이 한가득 연출된 공원으로 귀결된 셈이다. 8월의 새 광장은 나무 그늘 밑에서 더위를 식히는 시민들, 바닥분수에서 첨벙대며 즐거워하는 아이들로 가득했다. 가을이 되자 광장 위에선 다시 누군가를 퇴진시켜야 하고 또 누군가를 구속해야 한다는 외침이 맞붙어 충돌했다. 봉건 왕조의 흔적과 근현대사의 파편이 흩어져 쌓인 혼돈의 장소를 낭만의 광화문'공원'으로 교정할 수 있을까. 선한 공간의 대명사인 공원으로 모순의 광장을 구원할 수 있을까. 지난한 굴절과 수정 과정을 겪으며 마무리된 새 광화문광장은 여전히 우리의 토론을 초대한다. 광장은 천천히, 아주 느리게 만들어진다.

4 부

도시에서 길을 잃다

도시를 느리게 걷기

친구들은 도시 구석구석을 누비며 구경하는 게 곧 공부이자 연구인, 도시와 조경 전공으로 밥벌이하는 나를 부러워한다. 도시의 삶과 풍경을 경험하고 이해하기 좋은 방법은 땅바닥에 발을 딛고 걸으며 공기를 마시고 날씨에 몸을 맡기는 것. 그저 걸으면 된다. 걷기는 도시와 친해지는 가장 감각적인 방법이다. 하지만 나는 주어진 시간 안에 최대한 많이 걷고 보고 사진 찍으며 전쟁 치르듯 해내는 도시 답사가 늘 힘에 부쳤고 즐겁지도 않았다. 가장 느린 이동 방법인 걷기를 선택했으면서도 속도, 효율, 성과를 의식해야 하는 모순 때문이었을까.

부끄럽지만, 뒤늦게 나는 걷기의 매력을 책으로 배웠다. 몇 년 전 봄, 도시의 보행과 경관의 미적 경험을 엮어 글을 써달라는 부탁을 받고 머리를 쥐어뜯

다가 읽지 않고 모셔둔 책 한 권을 뽑아 들었다. 프랑스 철학자 프레데리크 그로의 《걷기, 두 발로 사유하는 철학》(책세상, 2014)이다. 고통의 순간에 걷고 또 걸은 니체, 바람구두를 신고 세상을 누빈 랭보, 몽상하는 고독한 산책자 루소, 자본주의의 아케이드를 소요한 벤야민 등 걷기를 통해 사유를 확장하고 비범한 작품을 창조해낸 철학자와 작가들 이야기다. 걷기나 산책을 주제로 삼는 책들의 단골 주연들이지만, 그날따라 느리게 걷고 깊이 사유하며 공간과 시간을 제 것으로 장악한 그들의 이야기에 흠뻑 빠져들었다. 단숨에 읽어 내려가다 책을 덮었다. 몸을 일으켜 걷지 않을 수 없었다.

노을 지는 쪽을 향해 무작정 걸었다. 개성 없는 신도시의 무표정한 풍경이지만 공기는 투명하고 빛은 예리했다. 복잡하게 뒤엉킨 습한 생각들을 바람에 말리며 걷다가 놀라운 경험을 했다. 내 발과 땅이 대화하는 느낌, 나 자신을 세상으로 여는 느낌, 풍경을 만나는 주도권이 나에게 돌아오는 느낌. 아무런 목적이 없었기에 가능한 경험이었다. 이동이나 답사처럼 특별한 의도를 갖는 걷기와 달리 그냥 느릿느릿 걷다 어슬렁거리며 떠돌다 옆길로 새는, 우연에 내맡긴 자유로운 걷기가 시간에 속박된 신체를 해방시켜준 것이다.

물론 그날 이후 걷기가 나의 일상으로 성큼 들어온 것은 아니다. 어쩔 수 없는 이론형 인간인지라 닥치는 대로 걷기에 관련된 책을 모으고 읽어나갔다. 걷기와 사유가 교차하는 아름다운 책들을 읽다 보면 도시를 느리게 걸으며 섬세한 풍경을 누리는 것 못지 않은 즐거움이 생긴다. 다비드 르 브르통의 《느리게 걷는 즐거움》(북라이프, 2014)이나 크리스토프 라무르의 《걷기의 철학》(개마고원, 2007)이 경쾌한 산책이라면, 리베카 솔닛의 《걷기의 인문학》(반비, 2017)은 긴 도보 여행이고, 로런 엘킨의 《도시를 걷는 여자들》(반비, 2020)은 거리로 뛰쳐나온 전위적 발걸음이다. 다음 학기쯤엔 대학원 강의 '환경미학'에서 읽기와 걷기를 연결하는 세미나, '걷기의 미학: 도시에서 길을 잃다'를 꾸려볼 생각이다.

걷기 덕후들이 들으면 실소할 일이겠지만, 도심에서 약속이 있을 때 한두 정거장 먼저 내리기, 연구실에서 가장 먼 구내식당에서 저녁 먹기, 학교 도서관에 갈 때 매번 다른 길로 가기 같은 소박한 걷기 습관도 생겼다. 운동이나 다이어트 같은 목적 없이 잠시 걸으며 계절과 날씨를 맛보는 소소한 일상이 행복감을 준다. 운전할 때는 1분이라도 덜 걸리는 길을 찾느라 필사적이지만, 신기하게도 걸을 때는 시간이 더 걸리는 길로 돌아가고 가보지 않은 길을 택하게 된다.

무작정 걷다 보면
다른 시간의 도시를 만난다.
낯선 길에서 익숙한 풍경을 만난다.

시간에 사로잡히지 않고 시간을 마음껏 탕진하는 재미가 기쁨을 준다.

《두 발의 고독》(싱긋, 2021)의 저자 토르비에른 에켈룬은 뇌전증 진단을 받은 뒤 더 이상 운전을 못하게 되었다. 그러나 습관이 바뀐 것일 뿐 그가 잃은 것은 하나도 없었다. 가야 할 곳이 있으면 모두 걸어서 가게 되자 길이 그의 삶 속으로 다시 돌아왔다. 시간으로부터 해방된 삶이라고 그는 말한다.

도시에서 길을 잃다

도시를 걷다 길을 잃은 적이 있는가. 나의 첫 경험은 아홉 살 때였다. 당시에는 드물었던 '일하는 엄마'의 노심초사 때문에, 나는 학교에서 돌아오면 혼자 집 밖으로 나가선 안 된다는 엄한 규칙을 지켜야 했다. 어느 무더운 여름날, 탈출의 욕망이 터졌다. 친구 손에 이끌려 내게 허락된 영토 바깥으로 나갔다. 집과 학교를 잇는 경계선 너머 친구네 동네는 아이의 머릿속 지도에 존재하지 않는 새로운 세계였다. 어둠이 내렸고, 돌아오는 길은 혼자였다. 미궁처럼 얽힌 주택가 골목길을 헤매다 곧 깨달았다. 길을 잃었다는 것을.

연희동과 남가좌동의 경계 어디쯤에서 길을 잃고 백련산 기슭 홍은동으로 어떻게 돌아왔는지, 얼마나 긴 시간이 흘렀는지는 이제 기억나지 않는다. 한가지 분명한 건 두렵지 않았다는 느낌이다. 낙담이나 절망도 없었다. 낯선 풍경 속에서 아홉 살 아이는 자신의 세상이 넓어지는 짜릿함을 누렸다.《길 잃기 안내서》(반비, 2018)에서 리베카 솔닛은 말한다. "사물을 잃는 것은 낯익은 것들이 사라지는 일이지만, 길을 잃는 것은 낯선 것들이 새로 나타나는 일이다."

스스로 길을 잃은 이들이 있었다. 아방가르드의 후예, 자칭 상황주의자들은 길을 잃기 위해 도시를 표류dérive했다. 1957년, 기 드보르가 이끈 '상황주의 인터내셔널'은 소외와 획일을 낳은 소비자본주의 생활양식의 전복을 꿈꾸며 새로운 방식으로 도시를 경험하는 예술 운동을 펼쳤다. 할 일 없이 도시를 방황하고 배회하면서 심리적으로 재구축된 환경을 체험하는 기획이었다. 목적지 없이 걸으며 평소와 다른 지리 환경에 반응하는 감각과 정서를 섬세하게 살핀 그들의 도시 탐구는 '심리지리학'이라 불렸다.

상황주의는 해체됐지만 심리지리학의 후계자들은 여전히 도시에서 길을 잃고 있다. 어느 장소의 지도를 들고 다른 장소를 돌아다니며 일부러 길을 잃는 표류를 감행한다. 예를 들면 베를린 지도를 보며 서울을 방황하거나 시애틀 지도를 손에 쥐고 부산을 배회하며 도시를 탐험하는 작업이다. 작가 로버트 맥팔레인은 〈자기만의 길A Road of One's Own〉이라는 글에서 심리지리학적 걷기 방법을 이렇게 안내한다. "런던 지도를 펼치고 지도 위 아무 데나 유리잔을 엎어놓는다. 잔 가장자리를 따라 원을 그린다. 지도를 들고 도시로 나가 원과 가장 가까운 길을 따라 걷는다. 걸으면서 우연히 경험한 것들을 자신이 좋아하는 매체로 기록한다." 비슷한 기법으로 서울 북촌에서 '길 잃기 위한 걷기'를 실천하며 시간의 콜라주를 실험한 사례도 있다.

길을 잃고서 얻는 기쁨, 그것은 발견과 확장의 즐거움이다. 하지만 스마트폰이 신체의 연장이 된 요즘은 길을 잃고 싶어도 잃을 수 없다. 옛 지도들 곳곳에 새겨진 테라 인코그니타terra incognita, 즉 '미지의 땅'은 이제 존재하지 않는다. 직장이나 학교에 가는 길, 다시 집으로 돌아오는 길, 누군가를 만나러 가는 길, 무언가를 먹거나 사기 위해 오가는 길은 철저히 계산되고 조절된다. 낯선 곳, 익숙하지 않은 것과 마주치기 어렵다.

그럼에도 우리는 아주 잠깐이라도 길을 잃기 원한다. 나는 매일 고속도로와 외곽 순환도로를 조합한 최단 경로로 분당과 신림동을 오가며 만나는 몰개성한 풍경이 너무나 싫다. 서너 가지 다른 조합으로 출퇴근 운전 길을 바꿔가며 나는 일상을 깨지 않으면서도 잠시 작은 차이를 즐긴다. 한 친구는 눈감고 지하철 노선도에서 고른 역으로 탈주하거나 정류장에 제일 먼저 도착한 버스를 타고 종점으로 흘러가는, 20대 시절의 취미를 아직도 즐긴다고 한다. 또 어느 친구는 늘 길 잃기를 갈망하며 익숙한 길을 버리고 낯선 길을 걷는다고 한다. 이유를 묻자 힘찬 답이 돌아왔다. "세상의 모든 경이로운 것을 발견하고 그 아름다움을 누리기 위해."

길을 잃고서 얻는 기쁨,
그것은 발견과 확장의 즐거움이다.

그 도시의 냄새

마르셀 프루스트의 소설 《잃어버린 시간을 찾아서》는 주인공이 홍차에 적신 마들렌 쿠키 냄새를 맡고 유년의 기억을 떠올리는 장면으로 시작된다. 특정한 냄새에 자극받아 과거의 기억이 되살아나는 상황을 '프루스트 현상'이라 부르기도 한다. 누구나 비슷한 경험을 해보지 않았던가. 내 친한 친구는 해질녘 도시의 거리를 걷다 고기 굽는 냄새를 맡게 되면 언제나 눈물을 쏟는다고 한다. 긴 시간에 풍화된 어린 시절의 아련한 기억, 아빠 손을 잡고 어느 골목의 돼지갈빗집으로 향하던 장면이 자동으로 재생된다고 한다.

지리학자이자 미학자인 이-푸 투안은 눈으로 보기에는 완전히 변해버린 자신의 고향에서 50년 전 냄새를 온전히 맡을 수 있었던 체험을 회상하면서 "냄새는 시각적 이미지와 달리 과거를 복구시켜주는 힘을 지닌다"고 말한다. 시각이나 청각과 달리 후각은 환경의 숨겨진 차원을 드러내주며 도시의 장소와 경관을 지각하는 방식에 영향을 미친다. 냄새는 빛이나 소리보다 훨씬 강력한 공간 경험을 형성한다.

사람마다 냄새가 다르듯 도시의 냄새도 서로 다르다. 어느 도시 특유의 냄새는 곧 그 도시의 정체성이다. 긴 여정의 피로를 안고 고향 도시로 돌아오면 친숙하고 편안한 냄새가 우리를 가장 먼저 반긴다. 흥분과 긴장이 뒤범벅된 첫 해외여행에서 돌아와 공항 바깥으로 나왔을 때의 익숙한 냄새, 그 비릿하면서도 후덥지근한 공기와 냄새가 안겨준 안도감을 나는 아직도 잊지 못한다.

하지만 다른 감각들에 비해 후각은 늘 저급하고 하등한 감각으로 여겨져왔다. '나쁜'이라는 형용사를 앞에 덧붙이지 않더라도 '냄새가 난다'는 문장은 이미 부정적인 의미를 듬뿍 담고 있다. 냄새는 사회적 계급을 나누는 징표이기도 하다. "김 기사 그 양반, 선을 넘을 듯 말 듯 하면서 절대 넘지 않아. 근데 냄새가 선을 넘지." 봉준호 감독의 〈기생충〉은 몸에 밴 냄새가 가난의 문신이자 빈민의 상징이라는 설정을 중심으로 전개된다.

냄새는 많은 사람이 밀집해 사는 도시에서 언

제나 극복과 제거의 대상이었고, 근대 이후에는 도시의 위생 수준을 가늠하는 지표로 작용했다. 후각의 관점에서 근대 사회와 도시의 역사를 촘촘히 재해석한 알랭 코르뱅의 《악취와 향기》(오롯, 2019)에 따르면, 도시의 냄새는 사회적 발산물의 총합이다. 인간의 체취와 분뇨, 부패 물질과 오물이 만들어내는 악취가 파리를 비롯한 18세기의 도시들을 뒤덮었다. 냄새와 더불어 살아가던 사람들은 산업혁명과 도시화, 연이은 전염병 유행을 겪으며 냄새에 훨씬 예민해졌다. 후각적 경계심은 신체 위생 개념을 낳았고, 공중위생 담론을 통해 냄새가 도시의 공적 관리 대상으로 편입됐다.

악취를 제거하기 위한 전략이 화학과 의학, 건축과 도시계획을 통해 총동원되기 시작했다. 근대 도시공학의 핵심 수단인 포장, 배수, 환기는 곧 냄새와의 전쟁이라고 해도 과언이 아니었다. 도로 포장은 곧 도시의 냄새를 우리 발밑 깊숙이 봉인하고자 하는 집요한 기획이었다. 위생 도시는 냄새가 삭제된 무취 도시의 동의어였다. 정교하게 계획되고 치밀하게 관리되는 요즘 도시 대부분은 후각의 풍성한 향연을 잃고 하향 평준화되었다.

다채로운 냄새는 사람들이 모여 함께 사는 도시의 풍요로운 배경이다. 후각을 상실하면 우리가 경험하는 세계가 빈곤해지듯, 후각적 침묵에 빠진 도시에는 사람 사는 맛이 없다. 감각하고 기억하는 재미가 없다. 잠시 동네 공원으로 발걸음을 옮겨보자. 유월에 접어든 공원에는 결코 제거되지 않는 짙은 여름 냄새가 진동한다. 안온하고 평화롭다 못해 지루하고 막막하기까지 한, 흙과 풀 냄새가 도시를 뚫고 올라온다.

흙과 풀 냄새가 도시를 뚫고 올라온다.

만인의 타향,
기억을 상실한 도시

¶ 잠실주공5단지

"내 고향 서울은 만인의 타향이다. 그러므로 서울에 고향을 건설하지 못한다면 우리는 영원한 뜨내기일 뿐이다." 한양 도성 학술회의에 기조 연설자로 나선 작가 김훈의 음성이 가슴을 후빈다.

부산에서 났지만 백일을 갓 넘겨 서울로 이주했으니 내 고향도 서울이라 해야 할 것 같다. 그러나 누가 고향을 물으면 "부산에서 태어났고 서울에서 자랐다"고 답한다. 서울과 고향 사이에 등호를 넣는 게 불편하다. 서울로 올라온 나의 부모는 참 이사를 많이 다녔다. 주민등록초본을 떼보니 스물다섯 개의 주소가 찍혀 있다. 거의 2년에 한 번꼴로 이사를 다닌 셈이다. 덕분에 나는 셀 수 없이 많은 동네에서 거대 도시 서울의 변화와 발전을 역동적으로 경험하며 성장했다.

내가 서울을 고향이라 말하지 못하는 건 단지 유

목민 같은 이사의 역사 때문일까. 아마 거주한 장소의 숫자보다는 그곳들에 대한 기억의 상실이 고향의 부재를 낳았을 것이라는 잠정적 답안을 가지고 있다. 어쩌면 고향은 공간이기보다는 시간일 것이다. 시간은 한쪽 방향으로만 흐른다. 유형의 물체가 아니어서 붙잡을 수도 없다. 시간의 흐름을 되돌리기란 불가능하다. 그러나 우리는 기억의 힘을 빌려 시간의 역류를 꿈꾼다. 기억은 시간의 방향을 거스를 수 있다는 기대감의 다른 이름이다. 그래서 고향, 그것은 곧 기억이다.

초록의 산야보다 아스팔트 주차장에서 안정감을 느끼는 원조 아파트 키드이지만, 나에게도 여러 파편으로 조합된 장소의 기억들이 남아 있다. 그런 단편적 기억의 콜라주가 그나마 나의 고향일지도 모르겠다. 그러나 서울은 그 매개체인 장소들을 너무나 빠른 속도로 바꾸고 없애는 도시다. 연 날리던 들판이 롯데월드가 된 건 이미 오래전의 일이다. 스릴 넘치는 화약놀이 카니발이 열리던 공터는 로데오거리가 됐고, 총천연색 만국기 아래에서 스케이트를 타던 빈 땅엔 타워펠리스가 들어섰다. 장소의 기억이 물리적으로 소멸되면 상실감으로 이어진다. 이제 시간을 거슬러 기억의 파편을 복원하기 위해 내가 할 수 있는 건 침대에 누워 아이패드를 두 손가락으로 벌리고 오므리기를 반복하며 옛 지도와 위성사진을 들여다보는 일뿐이다.

획일적인 판상형 고층 아파트 단지의
원조이자 아파트 키드의 고향.
텅 빈 주차장에서 4000세대의
아이들 1만 명이 뛰놀곤 했다.

서울역사아카이브 제공

내 기억의 콜라주에서 가장 강렬하고 생생한 한 조각은 요즘 한창 말 많고 탈 많은 잠실주공5단지다. 1970년대 말 유년기의 4년을 보낸, '획일적인 판상형 고층 아파트 단지'의 원조인 그곳은 45년 전 형체 그대로 간신히 수명을 연장해가고 있다. 얼마 전에는 이곳을 수십 년 만에 다시 가볼 기회가 생겼다. 출장 동행자와의 차편 약속을 잠실 5단지 입구에서 한 것이다.

조금 일찍 도착해 콩닥거리는 가슴을 누르며 단지 순환도로를 천천히 걸었다. 30개 동의 무표정한 아파트 건물엔 녹물이 흘러내리지만, 10층 높이보다 더 자란 나무들이 자기 무게를 견뎌내지 못하고 우중충하게 늘어져 있지만, 4000세대의 1만 명 아이들이 뛰놀던 텅 빈 주차장은 삼중으로 뒤섞인 자동차들로 아수라장이지만, 단지 곳곳에 재건축 시행을 촉구하는 현수막이 펄럭이지만, 아이패드 화면으로는 절대 재생될 수 없는 기억들이 되살아났다. 기억, 그것은 시간의 역류를 꿈꾸는 반역 행위다.

서둘러 단지를 떠나며 시세 총액 8조 원에 달한다는 이곳 재산권자들이 들으면 뭇매 맞을 만한 생각에 휩싸였다. "다행이다. 기억을 상실한 도시 서울에서 내 유년의 물리적 흔적이 아직 목숨을 부지하고 있어서 참 다행이다." 얼마 뒤면 흔적 없이 사라질 기억의 마지막 풍경, 안녕.

안나의 서울, 기록 없는 도시

가을과 겨울이 팽팽한 줄다리기를 하던 오후, 한국계 독일인 조경가 안나(가명)의 이메일을 받았다. 스위스의 한 명문 공대에서 박사논문을 쓰고 있는 그의 연구 주제는 남산과 낙산을 비롯한 서울 내사산內四山의 경관 변화에 대한 문화적 해석이다. 남산 연구의 한 갈래로 용산 일대의 경관을 다루고 있는데, 용산공원 설계에 대한 자료를 얻고 토론하고 싶다는 게 이메일의 요지였다.

보름 뒤, 안나를 만났다. 구글링을 통해 이력과 작품을 살펴보고 얼굴도 익힌 터라 처음 본 사람 같지 않았다. 그 역시 검색을 통해 이미 나의 면모를 스캔한 눈치였다. 사진보다 실물이 낫다는 둥 선의의 거짓말을 더듬거리는 영어로 주고받았다. 어색한 대화는 서울에서 태어나 독일로 간 그의 개인사로 흘러갔다.

예상과 달리, 안나가 서울의 도시 경관을 학문적 관심사로 삼게 된 건 미지의 고향에 대한 갈증 때문이 아니었다. 프랑스 출신 지도교수의 권유가 계기였다. 저명한 조경이론가인 그는 2012년 용산공원 설계 국제공모의 심사위원장을 맡은 적이 있다. 용산의 경관을 읽어내기 위해선 남산에 대한 이해가 필요함을 심사 과정에서 깨닫고 다른 심사위원들과 격한 토론을 벌였지만, 산에 관한 한국 고유의 개념을 끝내 이해하지 못한 채 돌아갔다. 그리고 안나에게 박사논문 주제로 서울의 산과 도시 정체성을 권했다고 한다.

이처럼 산이 지배하는 대도시가 있던가. 마침내 서울을 처음 방문한 안나에게 서울의 산은 학문적 열정을 집중시키기에 충분했다. 서울을 수차례 드나들며 남산과 내사산에 대한 사료와 문헌, 계획 보고서와 도면을 수집했지만 그 과정은 지난했다. 심지어 88올림픽 이후 최근 남산 관련 사업의 자료조차도 쉽게 구할 수 없었다. 그 많던 계획의 결과물은 어디로 갔을까. 그는 서울을 상징하는 대표 경관에 대한 기록의 부재를 도무지 이해할 수 없었다. 사료와 기록 중심의 연구를 포기하고 직접 인터뷰에 나서는 쪽으로 방향을 튼 안나는 자비로 통역을 고용해 십수 차례 남산과 낙산에서 시민, 공무원, 관계자를 만났다.

눈에 띄는 대로 서울과 남산 자료를 모아 에코

산이자 공원이며 도성인
서울 남산.

© KOSIS

백 한가득 챙겨주었다. 그러나 정작 안나가 내게 문의한 건 용산공원 심사의 상세한 기록이었다. 남산에 대한 심사위원들의 해석 차이와 토론을 기록한 문서가 적어도 심사 진행을 맡았던 나에겐 있을 거라고 여긴 것. 하지만 공식적으로 남아 있는 건 작품집 한구석에 실린 반쪽짜리 심사평뿐이다. 오히려 미안한 마음이 들었는지 안나는 미소를 지으며 작은 목소리로 물었다. "이렇게 중요한 프로젝트의 심사 과정을 기록하지 않는 이유가 뭘까요." 안나의 물음에 머릿속이 새하얘지고 식은땀이 흘렀다. 고작 내 입에서 흘러나온 변명은 "코리안 컬처"라는 궁색한 말뿐이었다.

역사도시 서울. 기록 없는 도시를 역사로 수식하는 건 오만한 과장이거나 열등감의 포장이다. 지난주엔 서울의 공원 아카이브를 구축하고자 하는 자발적 연구 집단 '도시경관연구회 보라'를 초대해 세미나를 열었다. 일제 식민지기의 공원도, 최근에 만든 공원도 누가 언제 설계했는지 제대로 알 수 없다. 도면은 물론 문서도 남아 있지 않다. 사실 거창하게 서울 탓, 코리아 탓할 일이 아니다. 고백하자면, 내가 근무하는 작은 학과에는 제대로 정리한 졸업생 명단도 없다. 석박사논문을 모아놓지도 않았고, 심지어 그 리스트도 없다. 반성하며, 새해맞이 새 노트에 네 글자를 눌러 적는다. 아카이브.

뜨는 동네 클리셰

¶ 샤로수길

　　몇 해 전 낙성대의 좁은 골목 한구석에 애처롭게 문을 연 한 와인 바에 동료 교수들이나 지인들을 몰고 가면 한결같이 이렇게 말했다. 꼭 가로수길에 온 것 같은데? 서울대 근처에도 이런 데가 있었어? 물론 없었다. 그런데 '그런 데'가 하나둘 생겨나더니 무미건조하다 못해 황망하기까지 하던 동네가 거듭났다. 서울의 또 다른 핫 플레이스로 뜬 지 이미 오래다. 서울대입구역부터 낙성대 사이의 좁은 골목이 '샤로수길'로 불리더니 급기야 구청이 나서서 안내판까지 설치했다. 안내판에는 "서울대 정문의 '샤'와 '가로수길'을 패러디"한 것이며 "개성 있는 가게들이 모여 있는 거리"라는 친절한 설명까지 붙어 있다. 누가 누구를 위해 무엇을 했다는 건지 알 수는 없지만, 자생적 도시 재생과 활성화에 성공한 사례라는 평가도 나돈다.

그 '개성 있는 가게들'은 주로 1980년대에 얼렁뚱땅 형성된 무질서한 주택가의 건물 1층에 들어섰다. 대개는 볼품없는 파사드를 통유리로 시원하게 바꾸거나 거친 질감의 목재를 덧대거나 노출콘크리트를 흉내낸 패널을 덧붙였다. 일부러 깨트려 오래된 것처럼 보이게 한 벽돌도 단골 재료다. 일본 선술집의 격자형 문짝을 달거나 휘장을 늘어놓기도 한다. 뭔가 있어 보이는, 아티스트의 숨결이 느껴지는 간판이나 〈응답하라 1988〉풍의 '레트로 룩' 간판이 달린 곳도 있다. 국민 음료인 커피를 마시며 노트북과 하루 종일 놀 수 있는 카페, 국민 외식인 파스타를 종류별로 즐길 수 있는 이탈리안 레스토랑은 그 수를 세기가 힘들다. 음식점과 술집과 카페가 결합되었다는 비스트로, 수제 맥줏집, 수제 햄버거집, 크로스오버 막걸리 카페가 아줌마 홈웨어를 파는 오래된 옷가게, 낡은 세탁소, 허름한 철물점과 동거한다. 미국식 브런치와 프랑스식 혼합 요리를 파는 식당이 있고, 태국 수도의 이름을 내건 야시장도 있다. 아르헨티나의 과실주와 칠레의 국민 술을 파는 남미 음식점도 들어섰다. 모두 맛집 리스트에 이름을 올린 명소라고 한다.

다른 '길'들에 비해선 미미하지만 아티스트와 건축가, 문화기획자 같은 이른바 '창조 계급'의 작업실도 꽤 있다는 소문이다. 여성 의류 편집숍들도 속속

문을 열었고, 왁싱숍도 만날 수 있다. 현란한 맛집 블로그들을 잠깐 검색해보면, 사장들은 대부분 명문 대학을 나온 2, 30대다. 아티스트 출신도 있다. 안정적인 직업에 염증을 느끼고 뭔가 창조적인 일을 하기 위해서라는 창업의 변 일색이다. 유학을 통해, 하다못해 워킹홀리데이나 해외 신혼여행을 통해 사업 아이템을 구상했다는 점도 공통분모다. 단언할 순 없지만 모종의 기획 세력이 활동한다는 풍문도 있다.

그러나 그 '개성 있는 가게들'의 입지 여건, 건물, 업종, 업주 모두가 그렇게 개성 있는 것 같지는 않다. 오히려 전형이나 획일 같은 단어가 더 어울릴지도 모르겠다. 힙한 문화를 즐기는 개성 있는 사람인 양 아낌없이 지갑을 열고 셀카와 음식 사진을 인스타그램에 자랑스럽게 포스팅하는 이곳의 소비자들은 과연 개성 있는 사람들일지 궁금하다. 신사동 가로수길, 홍대 앞, 합정동, 연남동, 북촌, 서촌, 이태원 경리단길과 우사단길, 해방촌, 용리단길, 성수동처럼 이미 뜬 길과 동네 못지않게, 샤로수길도 젠트리피케이션을 겪고 있다. 권리금이 몇 배로 오르고 임대료도 매년 20퍼센트씩 상승했다고 한다.

뜨는 동네의 대부분은 서울에서는 상대적으로 오래된 길(골목)이다. 건물들도 비교적 오래되었거나 오래된 것처럼 보인다. 감각 있는 디자이너의 손을 거친 인테리어와 가구도 오래된 것의 매혹을 더한다. 동네건 건물이건 가구건 원래 그곳에 있던 오래된 것을 남기고 다시 살린 경우도 있지만, 새로 만들거나 가져온 '억지 빈티지'나 '가짜 레트로 룩'도 적지 않다. 급속한 개발 시대를 통과하며 사라져간 옛것에 대한 존중과 회복이라고 평가할 수도 있겠지만, 사회 전반의 복고 열풍이 도시 공간을 통해 미학화되어 소비되고 있다는 해석도 공존한다. 복고 문화의 기저에는 경기 불황, 힘든 현실, 오래된(=좋았던) 시절에 대한 향수가 맞물려 있다는 진단도 나온다. 물론 '뜨는 동네'에 우리가 응답하고 있는 이유는 복고가 유행할 때마다 지적되는 '퇴행적 추억 팔이' 그 이상일 것이다. 그러나 뜨는 동네의 복고 미학을 관통하는 노스탤지어는, 많은 심리학자들이 지적하듯 현재로부터 과거로의 정신적 도피라는 의혹이 짙다.

요즘 약속 장소는 죄다 그 길들이다. 몇 년 전엔 그 길들에서 밥을 먹고 술을 마시면 뭔가 문화적 창조 계급이 된 듯한 우월감이 들고 내가 미학적 인간Homo aestheticus일 수도 있겠다는 우쭐한 마음도 생겼었다. 그런데 이젠 좀 지겹다. 일제강점기의 집장사 한옥 내부를 낡은 벽돌로 포장한 공간에 앉아 억지 빈티지 테이블에 올라온 핫한 셰프의 한국식 파스타를 먹으며 와인을 홀짝이면, 영문 편지의 의례적인 표현 '당신의

진실한 벗으로부터sincerely yours'처럼 틀에 박힌 느낌
이다. 그리고 뭔가 이상하다. 정교하게 기획된 미학적
매뉴얼에 따라 지갑이 열리는 기분이다.

샤로수길. '뜨는 길'들은
개성을 추구하는 것 같지만
오히려 전형적이고 획일적이다.

익선동 디즈니랜드

¶ 익선동

대학원 수업에서 서울의 '뜨는 동네'들을 '일상의 환경미학'이라는 시선으로 해석해보고 있다. '○로수길'들과 '○리단길'들을 비롯해 성수동, 연남동, 익선동, 을지로 등 핫 플레이스의 미학적 공통분모가 무엇인지 작은 단서를 찾아보자는 게 소박한 목표다. 텍스트보다 현장이 중요한 법. 몇 군데 핫플을 대학원생들과 체험하고 있다.

얼마 전엔 '인스타 성지' 중 하나인 익선동을 돌아봤다. 익선동 모르면 아재라는 세평에서 벗어날 수 있는 기회였다. 대학생 딸에게 드디어 힙한 익선동에 입성한다고 자랑했더니, 이미 한물간 동네 아니냐며 의아한 표정을 지었다. 몇 년 전만 해도 재개발만 학수고대하는 버려진 동네였는데, 핫플의 수명이 이렇게 짧다니. 그래도 한옥과 골목길이라는 정체성이 뚜

렷한 익선동에는 뭔가 있을 거라는 믿음을 갖고 답사에 나섰다.

우선 종로세무서 8층 직원 식당에 잠입해 서울의 마지막 한옥마을 익선동을 조감했다. 보고서도, 설명도 필요 없다. 1920년대에 만들어진 개량 한옥 단지가 어떻게 개발 시대의 광풍을 피해 화석처럼, 아니 엉성한 박제처럼 남아 종묘, 낙원상가, 운현궁 사이에 낀 한옥의 섬이 되었는지 그 사연을 한눈에 보여주는 조감 뷰다.

여러 블로그의 가이드대로 가맥(가게 맥주)으로 시작했다. 1970년대 '근대화슈퍼'를 연상시키는 비좁은 가게 한구석에 자리를 잡았다. 연탄불에 구운 쥐포를 낡은 자개밥상에 올려놓고 수제 병맥주로 시동을 건 뒤 골목 탐험에 나섰다. 20년 전에 답사하며 목격했던, 종로 한복판에 도저히 존재할 것 같지 않은 누추한 주거지가 더 이상 아니다. 열 개 이상의 형용사가 필요한 스펙터클한 풍경, 가히 별천지고 신세계다. 이미 한참 구식이 된 발터 벤야민의 개념 '판타스마고리아'*의 재림일까.

---

*   발터 벤야민은 자본주의 속성이 집약된 현대 도시와 그 도시 속 현대인의 초현실적인 삶을 주마등, 환영을 의미하는 판타스마고리아phantasmagoria에 빗댔다.

지붕, 기둥, 보만 남은
20세기 한옥의 껍질 안에 놓인
야생의 철로.

지붕, 기둥, 보만 남은 20세기 한옥의 껍질을 사이에 두고 세 명이 나란히 걷기에도 좁은 골목에서 기차놀이가 펼쳐진다. 힙한 패션의 2030, 색동 등산복 차림의 중장년층, 트렁크 끄는 외국인 단체 관광객이 뒤엉켜 꼬리를 물고 걷는다. 개화기 양장을 차려입은 모던 보이와 모던 걸도 곳곳에 출몰한다. 망사 달린 모자와 짙은 원색 빌로드 원피스를 빌려 입은 경성의 모던 걸들 손에는 군만두와 파운드케이크가 들려 있다. 흙벽을 털어 통유리로 개조한 가게들 내부에는 짝퉁 조선 가구, 1980년대의 다이얼 전화기, 일본식 벽지, 유럽풍 샹들리에, 동남아풍 소품, 심지어 기찻길이 뒤섞여 있다. 그 안에서 커피를 마시고, '테트리스'나 '보글보글' 같은 추억의 전자오락을 한다. 오랜 시간의 켜가 자연스럽게 공존한다기보다는 연출된 시간의 파편들이 표피적으로 버무려져 있다.

　　프랑스인 셰프가 운영한다는 식당에 앉아 프랑스식 수프, 이탈리아식 파스타, '나이스투밋유'라는 이름의 세트 안주, 미국산 아이피에이 맥주를 시켰다. ㅁ자 개량 한옥의 대청과 마당을 튼 공간, 벽의 일부는 일부러 깨트린 벽돌이고 다른 쪽은 가짜 노출콘크리트에 목욕탕 타일이다. 개화기의 마호가니 테이블에, 의자는 바로크 스타일이다. 본격 수제 맥줏집을 거쳐 마지막 차수로는 에일 전문 프랜차이즈 맥주 바를 택했다. 인테리어는 세 집이 거의 똑같다.

힙이란 무엇인가. 힙스터 문화는 익선동을 비롯한 최근의 핫플을 읽어낼 수 있는 키워드가 아니라는 데 의견을 모으며 마무리 건배를 했다. 상업적 노스텔지어를 자극하는 '억지 빈티지'나 '가짜 레트로 룩'이 총집결된 획일적 테마파크라는 잠정적 결론을 내리며 익선동 디즈니랜드를 빠져나왔다.

1920년대 개량 한옥 단지가
엉성한 박제처럼 남아 변용된 익선동.

붉은 벽돌로 들어간 파란 물병

¶ 성수동 블루보틀

〈뉴욕타임스〉가 "커피계의 애플"이라고 부른 블루보틀 한국 1호점이 요즘 가장 힙한 동네인 성수동의 한 붉은 벽돌 건물에 문을 열었다. 이 건물에는 원래 식당, 노래방, 검도장, 마사지숍, 통신사 대리점, 고시원이 있었는데, 한 패션 브랜드가 새 소유주가 되면서 모든 세입자를 내보내고 성수동 경관의 상징 격인 붉은 벽돌로 외피를 바꿨다. 2019년 5월 개점 첫날에는 평균 네 시간 반을 기다려야 커피 맛을 볼 수 있었고, 몇 달이 지난 뒤에도 30분은 인내해야 매장에 들어갈 수 있었다. 벽돌 벽 앞에서 파란 물병이 그려진 테이크아웃 잔을 든 인증 사진들로 소셜미디어가 떠들썩했고, 부동산업계는 '블'세권이라는 말까지 지어냈다.

블루보틀은 주문을 받으면 로스팅한 지 48시간

이 넘지 않은 커피 60그램을 바리스타가 일일이 갈아서 94도의 물로 내린다. 와이파이도, 콘센트도 없다. 온전히 커피만을 위한 공간을 추구한다는 전략이다. 그러나 핸드드립 커피 한잔을 위해 뙤약볕을 견디며 인산인해의 줄서기를 마다하지 않게 하는 힘이 커피 맛 자체에 있는 것 같지는 않다. 지루한 줄서기를 즐거움으로 변환시켜주는 힘은 남보다 먼저 해보고 그 경험을 시각적으로 인증하고 싶다는 욕망일 것이다. 이런 현상을 설명하는 데 적당한 형용사로는 신조어 '인스타그래머블instagrammable'(인스타그램 같은 소셜미디어에 올리기 좋을 만큼 시각적 매력이 있다는 뜻)만 한 게 없다.

개점 당시의 블루보틀 현상을 두고 밀레니얼세대와 Z세대의 비합리적 소비문화와 소셜미디어 의존성을 비판하는 기사가 쏟아졌다. 과시나 허영이라고 재단해버릴 게 아니라, 성취의 희망이 사라진 세대의 절박한 자기표현이라고 봐야 한다는 해석도 있었다. 보다 설득력 있는 심층 진단과 토론은 사회학자와 심리학자의 몫일 것이다. 환경미학과 도시경관 연구자로서 나는 조금 다른 각도의 질문을 던지고 싶다. 블루보틀 1호점은 왜 붉은 벽돌 건물을 선택했을까.

1970~1980년대 경공업의 중심지였던 성수동 일대에는 붉은 벽돌로 지은 쇠락한 공장과 창고, 노후한 연립주택이 즐비하다. 폐기된 공장을 개조한 카페

와 복합문화공간이 2000년대 중반부터 하나둘 들어서기 시작했다. 변화의 촉매가 된 '대림창고'에서 단적으로 볼 수 있듯, 부서져가는 붉은 벽돌 건물의 외피만 그대로 두고 그 내부는 거친 질감의 콘크리트, 철제 파이프의 잔해, 오래돼 보이는 최신 가구로 구성하는 디자인이 재생의 획일적 공식으로 자리잡았다. 남기고 다시 살린 것은 장소에 새겨진 삶과 문화의 무늬가 아니다. 붉은 벽돌과 콘크리트를 얼기설기 조합해 새로 빚어낸 경관을 성수동 고유의 장소성이라고 볼 수 있을까. 브루클린이나 포틀랜드의 어느 골목을 뚝 떼어온 것 같은 동질화된 풍경은 장소성의 재생이라기보다는 피상적 미감의 재현에 가깝다.

　　범지구적으로 연결된 미적 취향을 복사해 낡음에 대한 향수를 상품화하고 있는 성수동 한복판에 "커피로 세계를 연결한다"는 경영 슬로건을 내걸고 들어선 블루보틀. 서울 곳곳의 골목 상권에서 상업적 도시 재생이 성패를 거듭하고 있다. 성수동이 반짝 떴다 지리멸렬했던 수많은 '○로수길'과 '○리단길'의 전철을 밟지 않으려면, 또 북촌이나 익선동처럼 한물간 디즈니랜드가 되지 않아야 한다면, "서울의 브루클린"이라는 구호부터 폐기해야 한다. 표피만 붉은 벽돌로 덧댄 건물로 들어간 샌프란시스코 출신 블루보틀이 성수동의 도시 재생과 어떤 관계를 맺게 될지 주목된다.

붉은 벽돌 외피는 성수동의 장소성을
대변하는가.
파란 물병이 붉은 벽돌 건물에 붙었다.

ⓒ 서영애

도시에 그린 백신,
런던 콜레라 지도

콜레라는 도시의 성장과 함께 자라났다. 가브리엘 가르시아 마르케스의 《콜레라 시대의 사랑》이나 토마스 만의 《베니스에서의 죽음》이 그리듯, 19세기와 20세기 초 유럽과 아메리카 대륙을 덮친 콜레라는 중세의 페스트 못지않게 치명적이었다. 영국에서는 1831년에 콜레라가 처음 창궐해 5만 명 넘는 목숨을 앗아갔다. 산업혁명의 여파로 도시 인구가 기하급수로 늘어났지만 생존과 직결되는 위생 기반이 열악했던 시대, 인구 250만 런던의 템스강이 분뇨와 쓰레기로 가득하던 시절이었다.

1854년 여름의 끝자락, 세계 최대의 도시로 성장하고 있던 대영제국의 수도 런던의 빈민가 소호에 다시 콜레라가 돌았다. 하루 만에 70명이 목숨을 잃었고, 열흘 뒤엔 500명을 넘어섰다. 특히 브로드가에서는 열 명 중 한 명꼴로 환자가 나왔다. 전염병이 주기적으로 번지던 '청소부들의 도시' 런던에서도 이례적인 속도였다.

콜레라가 세균에 의해 전염된다는 사실조차 밝혀지지 않았던 당시에는 콜레라의 원인이 유독한 공기와 심한 악취라고 맹신했다. 대부분의 의사가 이 '독기설'을 지지했으며 저명 의료인 나이팅게일도 예외는 아니었다. 비이성적인 독기설에 의문을 품고 감염원을 물에서 찾아온 한 의사가 재앙이 번지고 있는 소호에 뛰어들었다. 마취의 존 스노는 환자와 사망자가 나온 집을 마치 탐정처럼 일일이 찾아다니며 조사하고 위치를 지도에 기록했다.

그는 탐문 며칠 만에 발병의 공간적 패턴을 찾아낼 수 있었다. 비극의 진원지는 브로드가의 한 식수 펌프였다. 아무 데나 쏟아낸 배설물이 상수원으로 흘러 들어간 것이 원인이었다. 사망자의 절대 다수가 펌프 주변의 거주자였다. 꽤 떨어진 곳의 감염자는 물맛 좋다고 이름난 이 펌프에서 물을 길어 먹던 사람들이었다. 지나다 물을 마신 상인도 사망했고, 이 물을 쓴 커피숍의 손님들도 희생양이 됐다. 펌프에서 가깝지만 지도 위가 하얀 곳은 양조장 부근인데, 물 대신 맥주를 마신 덕분에 이곳 사람들은 목숨을 건질 수 있었다. 이 놀라운 발견을 바탕으로 스노는 지역 이사회를 설득해 창궐 열흘째 날 문제의 펌프를 폐쇄했고, 마침내 콜레라의 기세가 꺾이기 시작했다.

콜레라가 수인성水因性 전염병임을 입증하기 위해 스노는 사망자 주거지와 펌프의 관계를 명료하게 시각화한 지도를 다시 작성했다. 간결한 바탕선 위에 보로노이 다이어그램과 원형 점, 줄표로 구성된 스노의 지도는 질병과 공간 데이터의 관계를 정립하는 계기가 됐다. 지금도 데이터 시각화의 고전으로 재해석되곤 하는 이 지도는 빅데이터와 첨단 기법을 갖춘 현대 역학의 토대라는 평가를 받고 있다.

점점 확산되고 있는 코로나 위기를 겪으며 160년이 넘은 런던 이야기가 계속 떠올랐다. 런던 콜레라 지도의 탄생 과정을 재구성한 《감염지도》(김영사, 2008)의 저자 스티븐 존슨은, 지도의 '조감하는 시선'이 중요한 건 1854년이나 지금이나 마찬가지이며 미래에 엄청난 전염병이 닥친다면 지도가 백신만큼 결정적인 역할을 할 것이라고 전망한다.

빅토리아 시대의 콜레라 박테리아와 다르게 21세기의 신종 코로나 바이러스는 어느 도시 한 동네의 문제가 아니다. 질병은 시공간적으로 촘촘히 연결된 도시들의 네트워크를 이동한다. 그러나 불과 며칠 사이에 코로나19 확진자가 급증하면서 바이러스 자체보다도 불안과 공포, 비난과 불신이 우리 사회를 감염시키고 있는 건 아닐까. 우리는 스노가 발로 뛰며 손으로 꿰어 만든 지도를 순식간에 만들어내는 시대를 살고 있다. 감염자의 위치와 이동 경로 지도는 타자를 배척하거나 혐오하는 데 필요한 게 아니다. 중요한 건 전체를 조감하는 태도와 정확한 조사다.

공간 데이터 시각화의 고전인
존 스노의 〈런던 콜레라 지도〉.

위키미디어 커먼즈 제공

걸어서 한강을 건너기

'응답하라'의 시대 쌍팔년보다 한 해 전 1월, 대입 시험에서 해방된 나는 해보지 않은 것들, 못 해본 것들을 매일 하나씩 하며 시린 겨울을 통과하고 있었다. 급기야 걸어서 한강을 건너기로 마음먹었다. 이유는 없었다. 아무 목적 없이 한강 북단의 성수동에서 남단의 청담동까지 영동대교를 걸었다. 주현미의 노래 가사처럼 밤비는 내리지 않았지만 희뿌연 밤안개가 자욱했고, 버스로 건널 때와 다르게 몸을 가누기 힘들 정도로 심하게 출렁거렸다. 그날의 기억은 다 사라졌지만 강한 진동감만큼은 아직도 온몸에 생생히 남아 있다. 한강에는 무려 스물세 개의 다리가 있지만 다리 위를 걸어 한강을 세로지른 건 그때가 처음이자 마지막이다. 〈환경과조경〉의 '도시의 다리' 특집 지면을 교정보다가 불현듯 영동대교를 다시 걸어서 건너고 싶다는 충동이 일었다.

잠자고 있던 영동대교의 기억이 되살아난 건 걸어서 건넌 유일한 한강 다리가 영동대교인 탓도 있겠지만, 그 시절 듣기 싫어도 끊임없이 라디오에서 흘러나오던 트로트 〈비 내리는 영동교〉 때문이기도 할 것이다. 그 무렵엔 한강 다리가 등장하는 대중가요가 적지 않았다. "어제 처음 만나서 사랑을 하고 우리들은 하나가 되었습니다"라는 가사 때문에 금지곡이 됐던 혜은이의 〈제3한강교〉나 "너를 보면 나는 잠이 와 잠이 오면 나는 잠을 자"라는 몽환적 가사로 유명했던 박영민의 〈창밖에 잠수교가 보인다〉를 빼놓을 수 없다. 1980년대에 한강 다리를 주제로 한 가요가 많았던 건 강남 개발이 본격화되면서 자본과 사람과 유흥 문화가 강남으로 몰려들던 현상의 반영이라는 평도 있다.

한동안 뜸했던 한강 다리 노래가 부활하고 있다고 한다. "아버지는 택시 드라이버/ 어디냐고 여쭤보면 항상/ 양화대교, 양화대교 … 어디시냐고 어디냐고/ 여쭤보면 아버지는 항상/ 양화대교, 양화대교/ 이제 나는 서 있네 그 다리 위에." 여러 음원 차트에서 1위 자리를 내려놓지 않던 자이언티의 〈양화대교〉가 대표적이다. 베테랑 래퍼인 딥플로우는 〈양화〉라는 제목을 단 3집 앨범 전곡에 양화대교 양쪽의 이야기를 담았고, 인디밴드 제8극장의 2집 제목도 '양화대교'다. 〈동아일보〉 기획 기사(2015년 7월 11일)에 따르면, 양화대교가 제목이나 가사에 등장하는 대중가요가 열네 곡이나 된다. 양화대교는 홍대와 그 주변을 중심으로 한 동시대 청년 문화의 공간적 투영이라는 게 대중음악 평론가들의 해석이다.

그럼 이번에는 영동대교 말고 양화대교를 건너볼까? 그러나 오늘은 영하 18도, 체감 온도는 영하 30도. 외국 다리만 보고 감탄하지 말고 우리나라 다리도 사랑해주어야 한다는 애국심만으로 연장 2킬로미터의 양화대교를 건널 수는 없다. 그 중간에 매력적인 겨울 선유도공원이 있다 하더라도, 건너가면 제아무리 핫한 홍대 문화가 있다 하더라도, 극지를 탐험하는 심정으로 한강을 건널 이유는 없다.

요즘 세계 여러 도시에서는 다리가 도시 생활과 문화의 핫 플레이스로 각광받고 있다. 멀리 떨어진 두 공간을 연결하는 기능, 한 시대의 최첨단 토목 기술을 대표하는 구조물, 거대한 규모와 완벽한 구조를 갖춘 빼어난 건축미 등 다리의 전통적 가치 때문이 아니다. 도시를 섬세하게 수술하고 치료해 다시 살리는 과정의 촉매제로서의 다리의 역할이 부각되고 있다. 다리는 도시, 건축, 조경을 가로지르는 융합적 프로젝트의 매개체로서도 중요한 역할을 한다.

보행자와 자전거의 천국 코펜하겐에 새로 들어선 시르켈브로엔Cirkelbroen은 규모는 작지만 문화적 파급력은 강력한 '강소형' 랜드마크로 뜨고 있다. 이 다리는 자전거와 보행자 모두 운하를 쉽고 안전하게 건널 수 있게 해주는 동시에 운하를 지나가는 배도 무리 없이 통과할 수 있게 해주는 다목적 다리다. 다리를 들어 올리는 전통적인 방식이 아니라 원형판이 엇갈려 회전하며 다리가 열리는 혁신적인 해법을 취하고 있다. 연결하고 통과하는 다리를 넘어 멈춤의 공간이 되고 있다는 점도 주목할 만하다. 많은 사람이 아름다운 시르켈브로엔에 잠시 머물며 코펜하겐의 명소를 배경으로 만나고 이야기를 나눈다. 로테르담의 뤼흐칭얼Luchtsingel 보행교는 방치된 건물, 폐허가 된 블록, 사각지대가 된 오픈스페이스 등 도심의 열여덟 개 공간을 다리 하나로 다시 엮어낸 수작이다. 수십 년 동안 단절된 로테르담 중심부의 세 구역을 세심하게 연결해 도심에 활력을 불어넣고 있다. 특히 이 다리는 크라우드 펀딩으로 건설 비용을 마련했다는 점에서 이목을 끈다. '시민의, 시민에 의한, 시민을 위한' 다리라는 이름표를 달아줄 만하다.

구조공학자 이종세(한양대 건설환경공학과 교수)가 《명화 속에 담긴 그 도시의 다리》(씨아이알, 2015)에서 말하듯, "다리는 기능적인 필요에 의해 만들어진다.

그러나 다리가 놓이는 순간 다리는 더 이상 단순한 기능적인 구조물이 아니게 된다. … 모든 다리는 세상에 대한 시선을 구현하고 변화시키며 말을 걸어온다. 다리는 도시와 사람과 자연이 만드는 생태계의 일부가 되어 새로운 가치를 만들어낸다." 이런 점에서 보면 한강의 다리들은 참 재미가 없다. 강 양쪽을 물리적으로 잇는 기능뿐이다. 사람과 물류를 바쁘게 실어나르는 자동차를 위한 기계적 장치에 지나지 않는다. 한강의 다리들은 확장과 속도와 효율만을 신봉하던 개발시대 서울의 단면이다. 아마 서울 시민 중 센강의 퐁네프 다리나 템스강의 밀레니엄 브리지를 걸어서 건너며 기념사진을 찍어본 사람은 많아도 한강 다리를 걸어서 건너며 서울의 풍경을 감상해본 사람은 드물 것이다. 걸어서 건널 이유가 전혀 없기 때문이다. 건너는 과정은 모험이고, 건너기 전과 후도 막막하다. 나처럼 목적 없이 영동대교를 건넌다면 그건 일상에서 벗어난 일탈이거나 탐험일 뿐이다.

좋은 도시의 필요충분조건은 안전하고 쾌적하고 즐거운 걷기다. 누구나 말하듯 산과 강은 서울의 소중한 자산이자 고유한 정체성이다. 모험이 아닌 일상으로 한강 다리를 쉽게 걸어 건널 수 있을 때, 건너야 할 자연스러운 이유가 있을 때, 서울도 살기 좋은 도시의 순위에 이름을 올릴 수 있을 것이다.

혼종의 경관, 한강의 다른 얼굴

¶ 한강변 보행 네트워크

모 방송국의 유튜브 채널에 출연해 나보다 훨씬 유창하게 한국어를 구사하는 외국인 청년들과 공원 이야기를 나눈 적이 있다. 그들은 하나같이 서울을 대표하는 공원으로 한강을 꼽았다. 의외였다. 기회 될 때마다 학생들 의견도 들어봤다. 마찬가지였다. 서울 최고의 공원은 단연 한강공원이란다. 거대한 콘크리트 덩어리 한강변이 어느새 자전거 타기뿐 아니라 넓은 하늘 밑에서 강바람 쐬며 즐기는 '치맥', '물멍', 텐트 피크닉, '차박'이 펼쳐지는 여가 문화의 성지로 등극한 것이다.

그러나 한강은 생각처럼 낭만적인 자연이 아니다. 해마다 숙명처럼 닥치는 홍수를 통치하고 강남 개발의 발판을 마련하기 위해 쌓은 강 양안의 제방과 그 위의 강변도로가 도시와 강을 가르는 두꺼운 장벽으로 계속 작동하고 있다. 자연성 회복을 목표로 콘크리트 호안 일부를 철거해 친수성이 나아졌고 잠실, 뚝섬, 반포, 여의도, 양화, 난지 등지에 조성한 거점 공원들이 일상의 여가 공간으로 자리잡았지만, 여전히 걸어서 한강에 가려면 지난한 여정을 각오해야 한다. 공원 몇 곳을 빼면 대부분의 강변에서는 안전한 산책이 불가능에 가깝다.

그런 한강이 다시 들썩이고 있다. '한강르네상스'의 속편인 '그레이트 한강 프로젝트'의 화려한 아이템이 연일 발표되고 있다. 서울시가 내건 목표는 자연과 공존하는 한강, 이동이 편리한 한강, 매력이 가득한 한강, 활력을 더하는 한강이다. 여의도 강변에 제2세종문화회관을 짓고 하늘공원 위에 초대형 관람차 '서울링'을 세운다. 노들섬은 예술 섬으로 재변신하고 한강 공중으로 곤돌라가 다닌다. 한강, 서울의 역동적인 근현대사 못지않게 참 변화무쌍하다.

이 뒤숭숭한 뉴스에 봄기운과 미세먼지가 뒤섞인 오후, 2022년 초에 완공된 '한강변 보행 네트워크'를 걸었다. 여의나루역에서 한강대교 남단을 거쳐 동작역까지 이어지는 길이 5.6킬로미터의 수변 보행로다. 네트워크라는 이름처럼 복잡하게 엮은 그물 길이 아니라 하나의 선이다. 여의도 구간을 제외하면 넓은 둔치가 없다. 콘크리트 옹벽 위로 좁은 길이 나 있고 위

다른 높이에서 다른 시선으로
한강의 다른 얼굴을 직면한다.

태로운 길 바로 아래로 강물이 흐른다. 구간의 반가량인 올림픽대로 노량대교 하부에선 하늘을 볼 수 없다.

좁고 어둡고 위험한 환경에 거대한 교각들과 자전거 행렬까지 뒤엉키는 곳. 이 난감한 보행 환경을 전략적으로 개선하고 몇 군데 거점에 정제된 디자인으로 쉼터를 마련한 게 '한강변 보행 네트워크'다. 설계를 총괄한 조경가 최영준(서울대 조경학과 교수)의 말을 들어봤다. "환경 조건은 최악이었지만 한강변의 진짜 모습을 가까이 직면할 수 있는 곳이었습니다. 현실의 한강을 있는 그대로 경험하며 거닐 수 있도록, 그리고 인공 인프라 틈새로 강의 생명력과 생명체가 틈입할 여지를 열어보려 했어요."

올림픽대로를 타고 운전하면 10분이 안 걸리는 구간을 두 시간 동안 걸으며 한강을 새롭게 만났다. 강변도로 높이에서 자동차의 속도로 이동하며 경험하는 것과는 완전히 다른 풍경이 몸을 덮쳐왔다. 지형의 높낮이를 발로 지각하며 다른 시선과 앵글로 한강의 다른 얼굴을 직면했다. "평생 알고 지낸 친구의 얼굴을 못 보다가 드디어 본 느낌이야." 올리비아 뉴먼 감독의 영화 〈가재가 노래하는 곳〉에서 평생 습지에 고립돼 살아가던 소녀 카야가 전망 탑에 올라가 그 습지를 처음 내려다보며 내뱉는 대사다. 꼭 그 느낌이었다. 익숙한 경관을 처음 만나는 느낌.

올림픽대로 밑을 걷는 구간이 이 길의 하이라이트였다. 내 머리 위로 도대체 몇 대의 자동차가 지나갔을까. 육중한 교각들 사이로 난 길을 걷다 보면 이곳이 고속화도로 하부라는 사실을 잊는다. 이질적이고 생경하지만 동시에 경이로운 경관이 펼쳐진다. 걷는 방향 왼쪽으로는 다리와 교각이 만들어낸 액자에 한강과 강북 강변이 담기고, 오른쪽으로는 도시와 강을 나누는 높은 벽이 따라온다. 교각의 배관용 구멍들은 새들이 거주하는 아파트다. 강을 막는 수직 옹벽에 퇴적된 모래펄은 새들의 공원이고, 강물이 실어나른 잡석 더미는 새들의 놀이터다. 인공 구조물의 작은 틈새로 날아든 이름 모를 풀들은 계속 영토를 늘려간다.

과학인류학자 브뤼노 라투르 식으로 말하자면, 한강변은 제방을 쌓고 도로를 내고 공원을 배치해 강을 길들이려는 인간 행위자, 그리고 그러한 통치를 벗어난 비인간, 자연, 사물의 행위성이 얽힌 혼종의 경관이다. 우리 뜻대로 길들일 수 있는 낭만의 자연이 아니다. 여의나루역과 동작역 사이의 좁은 수변에서 만나는 한강이 가장 사실에 가까운 한강일지도 모르겠다.

주말엔 주로 누워 지냅니다

다들 주말을 어떻게 보내시는지 궁금하다. 내가 속한 한 단체 대화방의 테마는 야구인데, 경기 승패와 기록, 선수 신상과 연봉 외에 다른 이야기는 나누지 않는 게 불문율이다. 그럼에도 주말 아침이면 금기의 빗장을 여는 포스팅이 뜨곤 한다. 한 친구는 신새벽부터 인왕산에 올라 서울의 파노라마 뷰를 선물한다. 어느 친구는 어느새 서해안 어딘가에 도착해 절경을 포착한다. 늦둥이 육아의 즐거움과 고됨이 교차하는 사진을 올리는 친구도 있다.

다들 참 부지런히, 다양한 방법으로 주말을 보낸다. 나는 '우오오'류의 영혼 없는 감탄사를 내뱉기도 하지만 와식臥式 생활에 대한 강한 신념을 굽히지 않는다. 그래서 내 경우엔 공유할 인증샷이 없다. 신생아처럼 평화롭게 온종일 침대와 하나 된 중년 사내의 모습을 인증할 수는 없지 않은가. 일주일 내내 책을 너무 많이 봤어. 열강을 서슴지 않았고 머리도 너무 많이 썼어. 나의 궁색한 변명이 집에서 공감을 얻는 경우는 거의 없다.

그런데 어느 주말 저녁, 무심히 튼 예능 프로그램 재방송에 김영하 작가가 홀연히 등장해 나를 구원해주었다. "사람은 자기 능력의 100퍼센트를 사용해선 안 된다. 70퍼센트만 써야 한다. 최선을 다하면 큰일 난다. 인생엔 어떤 일이 일어날지 모르니까 능력과 체력을 비축해야 한다. 나는 집에서 대체로 누워 지낸다. 함부로 앉아 있지 않는다"는 게 요지였다. 그의 말에 절로 고개가 끄덕여졌다. 그렇다. 주말 와식 생활은 일상의 에너지를 비축하기 위해 영혼의 지방층을 두텁게 하는 지혜의 산물이지!

침대가 질리면 물속에 들어간다. 아무것도 하지 않는 내 주말의 유일한 변주, 반신욕이다. 나른한 일요일 오후, 묵은 물때가 도통 지워지지 않는 낡은 플라스틱 욕조에 뜨거운 물 가득 받아 몸을 맡긴다. 입욕제나 오일은 넣지 않는다. 장미꽃잎도 띄우지 않는다. 애정하는 줌파 라히리의 책《내가 있는 곳》(마음산책, 2019)을 목욕물에 빠뜨리고 난 뒤 서둘러 욕조 덮개를 사기는 했다. 자주 들어 이물감 없는 플레이리스트를 랜덤으로 재생하고 대형 맥주잔에 채운 아이스 아메리카노를 들이켜며 시원한 편백 향기 나는 욕조 덮개 위에 안전하게 모신 책을 읽는 한두 시간. 행복이 손에 잡힌다.

와식 충전의 부작용으로 뻐근한 허리를 뜨거운 물로 다스리며 이런저런 책을 읽다가 요즘은 걷기에 관한 책들에 취미를 붙이게 됐다. 철학자나 문인의 걷기 습관과 산책 일화를 다루는 책, 제법 진지하게 걷기와 세계의 대화를 시도하는 책, 걷기를 통해 도시의 재발견과 장소의 재구성을 꾀하는 책 등 다양한 주제를 탐색한다. 물 안에 비스듬히 누워 상상력으로 책 속의 거리를 걷는다. 어느 날은 익숙한 도시에서 길을 잃고 표류하고, 또 어떤 날은 낯선 도시를 정처 없이 떠돌다 일몰의 향연과 마주친다.

걷는 걸 즐기지만 어쩌면 내가 좋아하는 건 걷는 게 아니라 걷는 걸 상상하는 것일지도 모르겠다. '걷기의 미학, 도시에서 길을 잃다'라는 허세 가득한 문장을 첫 줄에 적어놓은 이번 학기 '환경미학' 강의 계획서를 보고 한 수강생이 내게 물었다. 평소에 자주 걸으세요? 자주 걸으려고 노력해요. 막막하고 답답할 때도, 모든 게 하기 싫을 때도 걸을 수는 있잖아요. 몸을 일으키기만 하면 우리는 움직이게 되죠. 그럼, 주말에 많이 걸으시겠네요? 아니, 함부로 걷지 않고 주로 누워 지내요. 아무것도 하지 않는 주말은 지속 가능한 삶에 필요한 힘을 충전해주죠. 제니 오델의 《아무것도 하지 않는 법》(필로우, 2021)을 권합니다.

　　누군가는 산에 오르고 누군가는 바다를 품에 안고 또 누군가는 멍하게 누워 충전의 시간을 반복하는 동안 계절은 또 바뀌었다. 걷는 동안, 아니 걷는 걸 상상하는 동안, 가을은 겨울이 되었고 도시의 밤이 길어졌다. 이렇게 또 한 해를 통과한다.

걷는 동안, 걷는 걸 상상하는 동안,
계절이 바뀌었고 또 한 해가 저문다.

아무것도 하지 않는 법

많이 바쁘시죠? 아주 친하지는 않지만 뭐 하고 사는지 정도는 서로 알고 지내는 사람을 만나면 흔히 건네는 인사말이다. 억지 미소를 지으며 '네, 뭐 그렇죠' 정도로 답하고 넘어가곤 하지만, 늘 의문이다. 왜 잘 지내냐 대신 많이 바쁘냐일까. 우리는 바쁘게, 즉 시간의 틈새 없이 일하거나 공부하거나 아니면 운동이라도 하면서 생산적인 삶을 이어가야 한다고 굳게 믿는다.

바쁘지 않으면, 뭔가 하지 않으면 불안하다. 여백을 참지 못한다. 공백을 허락하지 않는다. 바쁘지 않아도 될 시간에도 휴대폰을 만지작거리며 맥락 없는 정보에 매달리거나 의미 없는 연결을 갈구하느라 늘 바쁘다. 페이스북이나 인스타그램의 타임라인이라도 훑어야 안정감이 든다. 소셜미디어의 알고리즘이 맞춤형으로 추려준 자극을 무방비로 수용하면서 뭔가를 바쁘게 생산한 것 같은 만족감을 느낀다. 오늘 나의 스크린타임은 무려 세 시간에 가깝다. 운전할 때 켠 내비게이션 앱을 빼더라도 두 시간이 넘다니. 야구 중계도 안 하는 엄동설한에, 게다가 칼럼 마감 시간도 넘긴 마당에 나는 도대체 휴대폰으로 무엇을 하며 바빴단 말인가.

《아무것도 하지 않는 법》(필로우, 2021)의 저자 제니 오델은 작고 네모난 기기의 생산성 신화에 사로잡힌 관심의 주권을 되찾아 실제 세계의 시공간으로 관심의 방향을 확장하자고 제안한다. 그에게 "아무것도 하지 않는다는 것은 곧 스스로 생각할 시간을 주고 다른 체제에서 다른 무언가를 도모하기 위해 현재의 체제에서 빠져나오는 것"을 의미한다. 그 첫걸음은 "휴대폰을 내려놓고 그 자리에 가만히 머무는 것이다."

《아무것도 하지 않는 법》은 스마트폰 보는 시간을 줄이는 비법을 안내하는 자기계발서가 아니다. 제니 오델은 인터넷을 거부하거나 디지털 기기를 배격하는 극단주의자도 아니다. 그는 익숙함으로부터 한 발짝 떨어져 우리가 살아가는 실제의 '장소'에 관심을 기울일 때, 관심의 초점을 디지털 세계에서 물리적 영역으로 옮겨 심을 때, 삶에 여유와 자유가 찾아온다는 주장을 자신의 경험에서 길어 올린다. 자연으로의 도피나 기술 회피가 아니다. 우리 곁의 인간과 비인간 존재들, 공공장소, 자연환경에 접속해 새로운 관심의 지도를 그리자는 이야기다.

장소감의 생생한 경험이 오델의 주장에 설득력을 더한다. 그는 컴퓨터로 작업하기 싫어질 때마다 집에서 5분 거리에 있는 공원에 간다. 공원은 우리에게 아무것도 하지 않아도 되는 공간과 다양한 규모의 관심 속에 머무를 시간을 제공한다. 그곳에서 그는 아무것도 하지 않는다. 그냥 앉아 머물다 보니 새를 관찰하게 됐다. 새들을 일부러 찾아내 보는 건 불가능하다. 할 수 있는 건 가만히 앉아 소리가 들릴 때까지 기다리는 것뿐이다. 그러나 새 관찰은 저해상도였던 장소 인식의 입자감을 바꾸어놓았다. 날이 갈수록 더 많은 새소리를 알아차릴 수 있게 됐다. 그들의 소리를 하나씩 배우며 소리와 새를 연결할 수 있게 되어 이제 그는 공원으로 들어서며 새들에게 마치 사람인 양 알은체를 한다.

얼마 전 짧지만 즐거운 '디지털 디톡스'를 우연히 경험했다. 회의 시간에 맞춰 버스에 오르자마자 휴대폰을 집에 두고 온 걸 깨달았다. 처음엔 정신을 차리기 힘들었다. 학과 조교에게 꼭 부탁할 일이 있고, 프로젝트 단톡방엔 나의 확인과 결정을 기다리는 파일들이 종일 올라올 테고, 답장을 미뤄둔 중요한 이메일도 여러 통이었다. 세상과 단절된 듯한 불안감에 휩싸였다. 그러나 패닉의 시간은 길지 않았다. 회의실 창밖 스산한 풍경이 그 어느 날보다 아름다워 보였다. 거리를 걷는 사람들 표정에 눈길이 갔다. 저녁 약속 전 남은 시간엔 텅 빈 공원에 들러 겨울 노을빛을 마음속에 저장할 수 있었다. 맥주는 더없이 시원했고, 대화는 한없이 유쾌했다.

보이지 않는 도시

¶ 노량진 지하배수로

긴 명절 연휴에 무거워진 몸을 위한 선물로 느릿한 산책만 한 게 없다. 겨울 공원의 한적한 풍경을 독점하리라 마음먹고 노들섬을 골랐다. 하지만 노량진에 도착해서야 깨달았다. 영하 20도 한파에 강바람과 맞서며 한강대교를 건너 텅 빈 섬에 갈 생각을 하다니. 산책이 아니라 극지 탐험이다. 추워도 너무 추웠다. 어디든 몸을 숨겨야 했다. 신간 잡지에서 눈여겨봤던 한 장소가 떠올랐다. '노량진 지하배수로'를 향해 내달렸다.

노량진역 7번 출구에서 대방역 쪽으로 200미터쯤 걸음을 옮기면 노량진로와 경인선(1호선) 철로 사이 자투리 녹지에 미지의 지하 세계로 들어가는 통로가 있다. 이질적인 세모꼴 구조물 밑 계단으로 내려가면 10년 전만 해도 빗물과 오수가 흐르던 땅 밑 물

길이 나온다. 서울시 동작구가 노량진 수산시장 주변의 침수를 해소하는 사업을 진행하다 여러 형태의 하수 암거(하수가 흘러가도록 땅속이나 구조물 밑으로 낸 도랑)를 발견했고, 일부 구간을 보행로로 고쳐 공공에 개방했다. 2022년 5월에 문을 열어 아직은 잘 알려지지 않은, 세월의 비밀을 간직한 발밑 세상이다.

　　개방된 배수로는 92미터에 불과하지만 건설 시기와 공법이 다른 다섯 구간이 나란히 붙어 있다. 가장 오래된 2구간은 마제형馬蹄形, 즉 말발굽 형태로 상부의 벽돌 볼트를 화강석 벽이 받치고 있다. 길이 20미터가량의 마제형 암거 바로 위는 경의선 철로다. 이 암거는 1899년에 개통된 경인선의 건설 기간에 축조됐을 것으로 추정된다고 한다. 아치형 4구간은 1950년대에 추가되었고, 3구간의 사각형 철근콘크리트 하수 박스는 시멘트 생산이 시작된 1960년대의 산물로 짐작된다고 한다. 시기별로 형태와 재료가 다른 여러 겹의 단면이 차례로 연결된다. 잠시 거닐면서 근대의 하수 인프라와 토목 기술 변천사를 한눈에 볼 수 있는 작은 박물관인 셈이다.

　　서울광장, 남대문로, 태평로 지하에서 발견된 20세기 초 하수 암거들은 이미 서울시 문화재로 지정됐지만 여전히 하수가 흐른다. 우리가 들어가 보고 만지며 걸을 수 있는 지하배수로는 노량진의 경우가 유일하다. 시기도 20년 정도 앞선다. 보이지 않는 지하 도시의 근대는 광화문 일대보다 노량진에 먼저 상륙했다고 말할 수 있지 않을까. 지금은 노량진의 대명사가 수산시장 아니면 학원가지만, 원래 노량진은 서울과 한강 이남을 연결하는 요충지였다. 근대의 시작과 함께 제물포에서 달려온 기차가 맨 처음 멈춰 선 곳도 노량진이었다.

하수로의 변신 프로젝트를 이끈 건축가 최춘웅(서울대 건축학과 교수)은 도시 유산 중에서도 노량진 지하배수로가 독특한 건 "처음부터 의도적으로 숨겨진 기반시설이기 때문"이라고 말한다. "건축 행위가 암묵적으로 연대하는 권력과 자본의 상징성이 닿지 않는 영역 속에 만들어진 장소이기에 더 특별하다. 누구도 경험해본 적 없는 공간의 기억 … 완성과 동시에 아무도 볼 수 없이 묻힐 것을 알면서도 세심한 정성으로 벽돌을 쌓아 만든 공백. 이제 그 공백의 균열을 따라 미약한 빛이 스며든다."

폭 2.5미터, 높이 3.3미터, 길이 92미터의 작은 지하 도시는 칼바람 추위에 지친 산책자를 환대했다. 내려가는 계단에 떨어지는 가느다란 광선과 배수로 바닥의 어두운 간접 조명 외에는 빛이 없는 적막의 공간. 판타지 영화 속에 들어온 것 같기도 하고, 벽돌담과 돌담, 거친 시멘트 담이 뒤섞인 오래된 동네 골목

노량진 지하배수로는
보이지 않는 도시의 단면이다.
이곳을 걸으면 세월을 견뎌낸 하수 암거의
거친 단면들이 말을 걸어온다.

미지의 지하 세계로 들어가는 통로에
옅은 빛이 떨어진다.

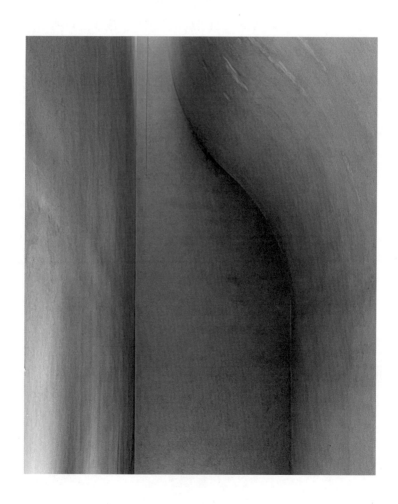

길을 걷는 느낌도 든다. 시간의 흔적을 머금은 벽을 만지며 걷다 보면 거친 질감의 표면이 밀어를 걸어오고 바닥에 물이 차오르는 착각이 들기도 한다. 시간이 공간이 된 것일까, 공간이 시간이 된 것일까. 어렴풋이 들리는 기차 소리가 지상 도시의 존재를 일깨운다. 떠나기 아쉬워 계속 서성이다 막다른 길 끝의 엘리베이터를 타고 올라오니 노량진 수산시장 바로 뒤쪽이다. 땅 밑 물길로 철길을 건넌 것이다.

명절 오후의 우연한 지하 산책에서 돌아온 나의 손에는 수산시장에서 산 방어회가 들려 있었다. 이 난데없는 상황에 쏟아진 의아한 표정들을 뒤로하고 책 몇 권을 뽑아 들었다. 이탈로 칼비노의 아름다운 소설 《보이지 않는 도시들》(민음사, 2016)이 보여주듯, 도시마다 그것의 보이지 않는 도시가 존재한다. 서울의 아래에는 또 다른 서울이 있다. 곱게 모셔둔 벽돌 책 《언더랜드》(소소의책, 2020)를 펼쳐 로버트 맥팔레인이 이끄는 대로 우리 발밑의 세상, 지도 바깥의 장소, 보이지 않는 도시를 산책하다 보니 추운 연휴가 훌쩍 지나갔다.

도시의 미래를 위한 여백

¶ 용산공원을 꿈꾸며

용산공원을 생각할 때면, 유난히 무더웠던 2006년의 어느 여름날이 떠오른다. "서울 한복판에 새로 열릴 80만 평의 녹지공원은 생각만 해도 가슴을 부풀게 만듭니다. 시민 누구나 차표 한 장 들고 부담 없이 찾아와서 역사와 문화, 그리고 아름다운 자연을 마음껏 누릴 수 있는 시민의 마당이 될 것입니다." 노무현 대통령의 '용산기지 공원화 선포식'(2006년 8월 24일) 축사, 다시 읽어도 언제나 가슴이 뛴다.

금단의 땅 용산 미군기지가 공원의 옷을 입고 귀환하고 있다. 100만 평에 가까운 서울 한복판의 이 공터에는 질곡의 역사가 쌓여 있다. 고려 말에는 몽골군의 병참기지, 임진왜란 때는 왜군의 보급기지가 자리했다. 19세기 말부터 청나라, 일본, 미국의 군대가 차례로 주둔하면서 이 땅은 우리의 기억에서 사라졌다. 임오군란 후에는 청군이 주둔했고 러일전쟁이 끝난 뒤로는 일본군의 본거지로 쓰였다. 해방 이후 지금까지는 미군이 점유한 한국 속의 미국 영토다. 남산에서 한강으로 이어지는 용산의 녹지와 지형은 긴 세월 동안 변형됐고, 도시 발전의 역동적 에너지도 기지를 둘러싼 장벽에 가로막혔다.

한미 양국이 기지 이전에 관한 양해각서를 체결한 1990년 이후 어느덧 30년 넘는 시간이 흘렀다. 2003년 노무현 대통령과 조지 W. 부시 대통령이 평택으로 기지를 이전하기로 합의한 뒤 새로운 전기를 맞았다. 2006년 참여정부는 용산기지의 공원화를 선포하고, 2007년 '용산공원조성특별법'을 제정했다. 뒤이은 '용산공원 정비구역 종합기본계획'(2011년)으로 공원의 비전을 세웠고 '용산공원 설계 국제공모'(2012년)를 통해 공원의 밑그림을 마련했지만, 정작 2012년 이후 용산공원은 더 이상 앞으로 나가지 못했다. 공모 당선작 〈미래를 지향하는 치유의 공원〉(West8 설계)을 바탕으로 진행된 기본설계는 중단과 재개를 반복하며 공전하다 2018년에 완성됐으나 아직 법적으로 고시되지 않았다. 평택 캠프 험프리스로의 미군 이전은 계속 지연되다가 2019년부터 본격적으로 진행되기 시작해 이제 마무리 단계다.

2020년 8월에는 서빙고역 건너편, 기지 동남쪽

의 '미군 장교숙소 5단지'가 개방됐다. 비록 기지의 작은 부분이지만, 116년간 지도에서 삭제된 미지의 땅에서 자유롭게 산책하거나 여유로운 소풍을 즐길 수 있게 된 것이다. 기지에 바로 맞붙은 국립중앙박물관, 용산가족공원, 전쟁기념관, 구 방위사업청 부지, 군인 아파트가 용산공원 조성지구 내로 편입되면서 공원 면적이 300만 제곱미터로 크게 넓어지고 남산 쪽 연결성이 개선되기도 했다. 2021년에는 '국민참여단'의 활동 성과를 바탕으로 한 '종합기본계획 변경안'이 고시됐다. 그뿐 아니라 기지 일부가 계속 순차적으로 반환되면서 막막하기만 하던 용산공원 조성의 긴 과정이 가시권에 들어오기 시작했다.

그러나 용산공원은 끝날 때까지 끝난 게 아니다. 넓고 크고 비어 있는 만큼 이 땅의 운명은 여전히 불안하다. 나는 정부 차원의 첫 용산공원 계획인 '용산기지 공원화 구상'(2005년)부터 '용산공원 종합기본계획'(2011년)과 그 변경 계획(2021년)에 이르는 일련의 계획 과정에 참여하면서 용산공원의 위기를 숱하게 목격했다. 무엇보다도 정부의 무관심이 용산공원의 여정을 늘 위태롭게 했다. 이미 2011년에 기본계획을 작성하고 이듬해에 설계공모를 통해 큰 그림을 완성했지만, 구상을 구체화하는 기본설계는 공전했다. 미군기지 이전이 계속 연기되면서 당시 정부는 임기 내에 착공조차 되지 않을 불투명한 사업에 무관심으로 일관했다. 국회가 설계비를 전액 삭감해도 방관했다. 사업 과정을 공개하지 않고 형식적 절차만 챙겼다. 시민 2000명을 대상으로 한 2021년 설문조사에 따르면, 용산 기지의 존재 자체와 공원화에 대해 알고 있는 사람이 20퍼센트에도 미치지 않았다.

거기에다가 이 땅의 용도를 둘러싸고 부동산 개발론과 주택 공급론이 틈만 나면 고개를 들었다. 예를 들어, 2018년에는 공원 대신 임대 아파트를 지어 폭등하는 집값을 잡아야 한다는 의견이 청와대 국민청원 게시판에 100건 이상 올라왔다. 대선을 앞둔 2021년에는 아파트 공급을 내세운 근시안적 매표 포퓰리즘이 극에 달했다. 한 대선 주자는 "집 걱정 없는 대한민국, 용산에서 시작합니다"라는 슬로건을 내걸었다. 공원 부지 20퍼센트에 해당하는 60만 제곱미터에 1000퍼센트 용적률로 8만 가구 아파트를 공급한다는 비현실적이고 비전문적인 구상이 지지를 얻기도 했다. 그러나 용산 미군기지의 공원화는 30년간의 다각적 계획과 지난한 토론을 통해 이미 사회적 합의와 국민적 동의의 강을 건넌 의제다. 주택 공급 주장은 근현대사의 질곡 끝에 돌려받은 소중한 땅을 한순간에 부동산 논리와 자본의 힘에 내주는 것과 다르지 않다. 전쟁과 외세가 남긴 불운한 땅의 상처를 공원으

용산 미군기지.
지도에서 삭제된
미지의 땅, 금단의 땅.

© 임한솔

로 치유해 미래 세대에게 선물해야 한다는 것, 이제 누구도 부인하기 힘든 과업이다.

용산공원의 가장 큰 잠재력은 무엇보다도 그 크기에 있다. 여의도 전체 면적보다 넓은 300만 제곱미터의 슈퍼라지 파크, 축구장 400개가 들어갈 수 있는 초대형 공원은 도시의 미래를 위한 넉넉한 여백이자 인류세와 기후 위기에 대응하는 탄소중립 도시의 실천 장이라는 의미를 지닌다. 또한 용산공원을 통해 남산과 한강을 연결하는 서울의 광역 도시생태축을 완성할 수 있다. 용산공원은 군사기지로 인해 단절되고 왜곡된 서울의 도시 구조를 교정할 수 있는 매개체이기도 하다. 미래의 용산공원은 성숙한 한국 사회의 문화와 라이프스타일을 발산하는 문화 발전소로 작동할 수 있을 것이다. 더 나아가 도시 발전을 이끄는 플랫폼 역할을 할 수 있을 것이다.

윤석열 정부의 대통령 집무실 이전으로 용산공원은 다시 한 번 변곡점을 마주했다. 공원 조성에 예상치 못한 속도가 붙고 있다. 주변 도시계획과 용산공원 기존 계획안도 일부 수정되고 있다. 하지만 '용산공원 종합기본계획' 변경안(2021년)에 따르면, 용산공원의 완공에는 적어도 'N(기지 전체의 반환 시점)+7년'이라는 시간이 걸린다. 기지 반환이 완료되고 토양오염 정화, 환경 조사, 실시설계, 단계별 공사 등이 순차적으로 진행되기까지 10년 안팎의 긴 시간이 필요한 것이다. 그러므로 현 정부는 임기 내에 용산공원의 모든 것을 완성해 가시화하는 데 주력하기보다는, 계획과 조성 사이의 긴 공백기를 지혜롭게 운영하고 국민과 지속적으로 소통하며 공원 조성의 발판을 다지는 데 역점을 두는 게 순리다.

속도보다 과정과 방향이 중요하다. 30년 넘는 지난 용산공원 계획의 역사를 관통하는 기본 정신은 과정 존중, 열린 소통, 국민 참여다. 국민이 참여하고 국민과 소통하는 과정을 통해 용산공원은 미래 세대를 위한 여백의 땅으로 진화할 수 있을 것이다. 2021년, 코로나19의 어려움을 겪으면서도 300명의 용산공원 국민참여단은 머리를 맞대고 숙의해 "국민 참여의 과정이 곧 역사가 되는 공원"이라는 미래상을 제안했다. 정부의 역할은 전문가와 시민사회가 다층적으로 토론하며 마련한 기존 용산공원 계획이 정치적, 외교적 변수에 흔들리지 않고 순항할 수 있도록 지원하고 공원의 기반을 다지는 일이다.

이 시점에 고려해볼 만한 또 다른 의제는 국방부의 이전이다. 그간의 계획 과정에서 온전한 용산공원 조성의 가장 큰 장애물은 국방부 부지였다. 미군이 점유해온 금단의 땅을 돌려받더라도 국방부는 계속 남아야 마땅한 난공불락의 성지처럼 여겨졌다. 역

© West 8

용산공원 기본설계(안).
용산공원, 끝날 때까지 끝난 게 아니다.

설적이지만, 대통령 집무실 이전을 계기로 국방부와 관련 시설을 다른 곳으로 옮길 수 있는 가능성이 열렸다. 용산공원 서쪽 경계를 철벽처럼 가로막은 국방부가 빠지면 신용산역과 삼각지 일대 도시 조직이 용산공원과 바로 연결되어 주변 도시 구조를 재편할 수 있다. 대통령 집무실 주변을 녹색 공간으로 급조해 임시 개방하는 것보다 우선해서 추진할 과제는, 전쟁기념관이나 국립중앙박물관의 경우처럼 국방부 부지를 용산공원조성특별법상의 공원조성지구로 편입하고 국방부 이전 계획을 세우는 일이다. 계획의 실현과 온전한 용산공원의 완성은 다음 세대의 숙제다. 빗장 풀린 미지의 땅을 소중한 여백으로 남겨 미래 세대에게 양보해야 한다.

걷다 보면 해결된다

가을 학기 환경미학 강의 주제는 '걷기의 미학, 도시에서 길을 잃다'였다. 교실에선 '일상의 미학'으로 이름난 유리코 사이토의 책 세 권을 읽고, 바람 부는 거리에선 두 발로 지도를 그리며 쏘다니는 구성. 도시, 건축, 조경뿐 아니라 환경교육 전공자까지 평소보다 많은 대학원생이 모였다. 수업의 절반을 길에서 헤맨다는 계획에 현혹된 게 분명하다.

강의계획서에 적힌 다섯 곳 공원 이름을 보고 한 수강생이 물었다. 어떤 기준으로 고르셨어요? 사실 특별한 기준 같은 건 없었지만, 당황하지 않고 진지한 표정을 지으며 답했다. 몇 가지 느슨한 원칙이 있죠. 도시를 관통하는 선형 공원으로, 쉬면서 걸어도 두 시간이면 충분한 6~7킬로미터 코스. 관절에 무리가 없으려면 평지여야 하고요. 동쪽에서 서쪽으로 걸

을 겁니다. 일몰의 세례를 놓칠 수 없으니까요. 무엇
보다 중요한 건 걷기를 마치는 지점에 시원한 맥주가
있어야 한다는 점이죠.

　　시흥의 해변 공원에서 가을을 열었다. 배곧신
도시 외곽을 따라 서해와 접한 경계에 조성된 배곧생
명공원과 배곧한울공원이다. 이곳은 원래는 화약 성
능을 시험하던 매립지였다. 직선형 해안을 두 시간 넘
게 걸어도 전혀 단조롭지 않다. 걷는 방향 왼편으로
초고층 아파트가, 오른편으로는 바다가 파노라마처
럼 펼쳐진다. 해지는 쪽으로 무작정 직진하다 보면 갯
내음이 말을 걸어온다. 해가 떨어졌다. 노을이 몸으로
달려든다. 높고 푸른 하늘이 보라에서 진홍을 거쳐 다
시 주황으로 변신을 거듭했다.

　　선유도공원을 향한 날엔 비바람과 함께 때 이
른 강추위가 덮쳤지만, 세찬 가을비가 씻어낸 공원 풍
경은 더없이 청명했다. 시간의 지층이 두텁게 쌓인 선
유도공원은 어느 계절에 가도, 어느 시간에 걸어도 사
색을 초대한다. 《걷기의 인문학》(반비, 2017)에서 리베
카 솔닛이 말하는 "몸과 마음과 세상이 한편이 되는
상태"를 감각할 수 있다. 느릿하게 걷더라도 한 시간
이면 충분하다. 추위에 지친 학생들과 헤어진 뒤 몰래
공원을 다시 걸었다. 텅 빈 공원을 혼자 차지하는 기
쁨. 탁 트인 한강 풍경이 실어나르는 바람 소리에 미

루나무가 고즈넉이 화답했다.

세 번째 코스인 경의선숲길은 서울에서 가장 긴 공원이다. 끝없이 걷고 싶을 때가 있다. 그럴 땐 원효로에서 홍제천에 이르는 경의선숲길이 정답이다. 도시를 두 동강 낸 철로 부지에 만든 공원이 도시를 잇고 엮는다. 걷다 보면 주변이 계속 변한다. 아파트 풍경이 숲을 이루는가 하면, 기찻길 옆 남루한 구옥을 고친 카페와 와인 바, 떡볶이 가게가 뒤섞인다. 1970년대 양옥집과 1980년대 다세대주택이 뒤엉키고, 높이 자란 나무 사이로 오피스빌딩과 쇼핑센터가 불쑥 튀어나온다. 양팔을 힘껏 흔들며 숲길을 가로지르면 활기찬 리듬으로 도시를 걷는 사람들을 만날 수 있다.

다음 목적지 청계천에 수강생들은 의구심을 감추지 못했다. 커피 한잔 들고 산책하기엔 좋지만 좀 뻔한 거 아니냐는 반응이었다. 청계광장에서 평화시장 정도까지라면 그들의 평가가 옳을지도 모른다. 하지만 중랑천과 만나는 청계천 하류에서 시작해 도심 방향으로 걸으면 이야기가 달라진다. 용답역에서 출발한 지 얼마 되지 않아 그들의 표정은 생경에서 황홀로 급변했다. 넓고 거친 야생의 힘을 품은 청계천이라니. 지면보다 낮은 천변에서 도시 스카이라인을 올려다보며 풍경의 이행과 전이가 가져다주는 역동을 경험하면 서울이 달리 보인다. 직선 구간으로 접어들자 선유도공원 산책.
몸과 마음과 세상이
하나로 조율된다.

어둠이 내렸고, 도시의 불빛에 산책자의 그림자가 살아났다.

겨울이 왔다. 우리는 언젠가 용산공원이 될 미군기지 서측 경계부를 걷기로 했다. 신용산역 아모레퍼시픽에서 출발해 용리단길과 삼각지를 거쳐 금단의 장벽을 끼고 한강대로를 따라 걸으면 남영동이다. 기지 철책 너머로 남산 풍광을 즐기며 걷다 보면 후암동이다. 용산공원 둘레길은 도시의 분더카머다.* 식민지기의 적산가옥과 아케이드, 남루한 초창기 아파트, 틀에 박힌 다가구주택, 현대식 첨단 건축, 감각적인 핫플이 시공간적으로 압축된 서울의 속살이다.

후암동 골목길을 걸으며 내 머릿속은 한 무리 만보객을 받아줄 맥줏집을 떠올리느라 분주했다. 후암시장 한복판에서 우연히 찾아낸 재즈 바가 우리를 환대했다. 아름다운 맥주와 라이브 공연에 상기된 학생들이 입을 모았다. 아, 교수님은 다 계획이 있었군요! '걷다 보면 해결된다'는 뜻의 라틴어 경구, '솔비투르 암불란도Solvitur Ambulando'는 언제나 옳다.

---

*   '경이로운 방'이라는 뜻을 지닌 분더카머Wunderkammer는 박물관의 전신 격인, 진귀한 사물들을 수집해 진열한 공간을 가리키는 독일어 단어.

참고하거나 인용한 글과 책

책머리에

5쪽.   에드워드 글레이저, 《도시의 승리: 도시는 어떻게 인간을 더 풍요롭고 더 행복하게 만들었나?》, 이진원 역, 개정판, 해냄, 2021.

7쪽.   레이 올든버그, 《제3의 장소: 작은 카페, 서점, 동네 술집까지 삶을 떠받치는 어울림의 장소를 복원하기》, 김보영 역, 풀빛, 2019.

1부 나의 공원을 찾아서

22쪽.   Paul Driver, 〈Parenthesis on Parks〉, 《Manchester Pieces》, London: Picador, 1996.

23쪽.   앨러스테어 보네트, 《장소의 재발견》, 박중서 역, 책읽는수요일, 2015.

27쪽.   이중환, 《완역 정본 택리지》, 안대회 편역, 휴머니스트, 2018.

28쪽.   임태훈, 〈난지도가 인류세에 묻는 것들〉, 〈문화/과학〉 97, 2019년 봄호.

29쪽.   정연희, 《난지도》, 정음사, 1990.

34쪽.   조한, 《서울, 공간의 기억 기억의 공간》, 돌베개, 2013.

38쪽.   김경령, 〈삶의 여유를 선물하는 도심 속 표류지, 노들섬〉, 〈내 손안에 서울〉, 2020년 2월 11일.

46쪽.   리처드 클라인, 《담배는 숭고하다》, 허창수 역, 페이퍼로드, 2015.

51쪽.   알랭 코르뱅 외, 《날씨의 맛: 비, 햇빛, 바람, 눈, 안개, 뇌우를 느끼는 감수성의 역사》, 길혜연 역, 책세상, 2016.

64쪽.   프레데리크 그로, 《걷기, 두 발로 사유하는 철학》, 이재형 역, 책세상, 2014.

67~69쪽. 에마 미첼, 《야생의 위로》, 심소희 역, 심심, 2020.

73쪽.   나탈리 크납, 《불확실한 날들의 철학》, 유영미 역, 어크로스, 2016.

80쪽.   개빈 프레터피니, 《구름관찰자를 위한 가이드: 신기하고 매혹적인 구름의 세계》, 김성훈 역, 김영사, 2023.

83쪽.   김현경, 《사람, 장소, 환대》, 문학과지성사, 2015.

90~91쪽. 손정목, 《서울 도시계획 이야기 3》, 한울, 2003.

2부 모두를 환대하는 공원

102쪽. 이-푸 투안, 《공간과 장소》, 윤영호 · 김미선 역, 사이, 2020.

102쪽. 이-푸 투안, 《토포필리아》, 이옥진 역, 에코리브르, 2011.

108쪽. 줌파 라히리, 《내가 있는 곳》, 이승수 역, 마음산책, 2019.

117쪽. 박승진, 〈콘텍스트와 패턴 사이〉, 〈환경과조경〉 310, 2014년 2월호.

121쪽. 로버트 포그 해리슨, 《정원을 말하다: 인간의 조건에 대한 탐구》, 조경진·황주영·김정은 역, 나무도시, 2012.

126쪽. 알랭 코르뱅, 《풀의 향기: 싱그러움에 대한 우아한 욕망의 역사》, 이선민 역, 돌배나무, 2020.

142쪽. 레이 올든버그, 《제3의 장소: 작은 카페, 서점, 동네 술집까지 삶을 떠받치는 어울림의 장소를 복원하기》, 김보영 역, 풀빛, 2019.

148쪽. 마이클 폴란, 《세컨 네이처》, 이순우 역, 황소자리, 2009.

152-153쪽. 에릭 클라이넨버그, 《도시는 어떻게 삶을 바꾸는가: 불평등과 고립을 넘어서는 연결망의 힘》, 서종민 역, 웅진지식하우스, 2019.

168쪽. Karen R. Jones and John Wills, 《The Invention of the Park》, Cambridge: Polity Press, 2005.

171쪽. 이어령, 〈용산 뮤지엄 콤플렉스 조성과 국가 브랜드로서의 가치〉, 한국 박물관 개관 100주년 기념 국제학술대회 기조 연설문, 2009.

3부 도시를 만드는 공원

180-181쪽. 김정은, 〈유원지의 수용과 공간문화적 변화 과정: 창경원, 월미도, 뚝섬을 중심으로〉, 서울대학교 대학원 박사학위 논문, 2017.
181쪽. 조정래, 《한강》, 해냄, 2003.
188-189쪽. 리처드 세넷, 《짓기와 거주하기: 도시를 위한 윤리》, 김병화 역, 김영사, 2020.
189-192쪽. 에릭 클라이넨버그, 《도시는 어떻게 삶을 바꾸는가: 불평등과 고립을 넘어서는 연결망의 힘》, 서종민 역, 웅진지식하우스, 2019.
193쪽. 김훈, 《공터에서》, 해냄, 2017.
223-224쪽. 허수경, 《너 없이 걸었다》, 난다, 2015.
226쪽. 알랭 코르뱅, 《풀의 향기: 싱그러움에 대한 우아한 욕망의 역사》, 이선민 역, 돌배나무, 2020.
233쪽. 마르크 오제, 《비장소: 초근대성의 인류학 입문》, 이상길 · 이윤영 역, 아카넷, 2017.
234쪽. 카를로스 모레노, 《도시에 살 권리: 세계도시에서 15분 도시로》, 양영란 역, 정예씨, 2023.
239쪽. John Beardsley, Janice Ross, and Randy Gragg, 《Where the Revolution Began: Lawrence Halprin and Anna Halprin and the Reinvention of Public Space》, Spacemaker Press, 2009.
242쪽. 손정목, 《서울 도시계획 이야기 2》, 한울, 2003.

4부 도시에서 길을 잃다

267쪽. 프레데리크 그로, 《걷기, 두 발로 사유하는 철학》, 이재형 역, 책세상, 2014.

268쪽. 다비드 르 브르통, 《느리게 걷는 즐거움》, 문신원 역, 북라이프, 2014년.

268쪽. 크리스토프 라무르, 《걷기의 철학》, 고아침 역, 개마고원, 2007.

268쪽. 리베카 솔닛, 《걷기의 인문학: 가장 철학적이고 예술적이고 혁명적인 인간의 행위에 대하여》, 반비, 2017.

268쪽. 로런 엘킨, 《도시를 걷는 여자들》, 홍한별 역, 반비, 2020.

270쪽. 토르비에른 에켈룬, 《두 발의 고독 시간과 자연을 걷는 일에 대하여》, 김병순 역, 싱긋, 2021.

272쪽. 리베카 솔닛, 《길 잃기 안내서: 더 멀리 나아가려는 당신을 위한 지도들》, 김명남 역, 반비, 2018.

272-273쪽. Robert Macfarlane, 〈A Road of One's Own: Past and Present Artists of the Randomly Modivated Walk〉, 〈Times Literary Supplement〉, October 7, 2005.

273쪽. 김린, 〈심리지리학 기법으로 북촌 산책하기: '서울 단상' 사용법〉, 〈문화+서울〉, 2016년 5월호.

275-276쪽. Yi-Fu Tuan, 《Passing Strange and Wonderful: Aesthetics, Nature, and Culture》, Island Press, 1993.

277쪽. 알랭 코르뱅, 《악취와 향기: 후각으로 본 근대 사회의 역사》, 주나미 역, 오롯, 2019.

290쪽. 뤽 페리, 《미학적 인간》, 방미경 역, 고려원, 1994.

302-303쪽. 스티븐 존슨, 《감염지도: 대규모 전염병의 도전과 현대 도시 문명의 미래》, 김명남 역, 김영사, 2008. 2020년, 코로나 19를 거치며 이 책은 같은 출판사에서 《감염도시》라는 제목으로 재출간됐다.

306-307쪽. 임희윤, 〈노래는 흘러갑니다… 제3한강교 지나 양화대교로〉, 〈동아일보〉, 2015년 7월 11일.

308-309쪽. 이종세, 《명화 속에 담긴 그 도시의 다리》, 씨아이알, 2015.

314쪽. 브뤼노 라투르, 《우리는 결코 근대인이었던 적이 없다》, 홍철기 역, 갈무리, 2009.

314쪽. 아네르스 블록, 토르벤 엘고르 옌센, 《처음 읽는 브뤼노 라투르: 하이브리드 세계의 하이브리드 사상》, 황장진 역, 사월의책, 2017.

316쪽. 줌파 라히리, 《내가 있는 곳》, 이승수 역, 마음산책, 2019.

319-321쪽. 제니 오델, 《아무것도 하지 않는 법》, 김하현 역, 필로우, 2021.

325쪽. 최춘웅, 〈공공, 기억, 장소: 버려진 공간을 소환할 때_노량진 지하배수로〉, 〈SPACE〉, 2023년 1월호.

328쪽. 이탈로 칼비노, 《보이지 않는 도시들》, 이현경 역, 민음사, 2016.

328쪽. 로버트 맥팔레인, 《언더랜드: 심원의 시간 여행》, 조은영 역, 소소의책, 2020.

330-331쪽. 배정한 편, 《용산공원: 용산공원 설계 국제공모 출품작 비평》, 나무도시, 2013.

338쪽. Yuriko Saito, 《Everyday Aesthetics》, Oxford University Press, 2007.

338쪽. Yuriko Saito, 《Aesthetics of the Familia》, Oxford University Press, 2017.

338쪽. Yuriko Saito, 《Aesthetics of Care》, Bloomsbury, 2022.

339쪽. 리베카 솔닛, 《걷기의 인문학: 가장 철학적이고 예술적이고 혁명적인 인간의 행위에 대하여》, 반비, 2017.

지극히 주관적으로 뽑은 공원 스무 곳

¶ 경의선숲길 서울 마포구 연남동~용산구 용산문화체육센터

끝없이 도시를 걷고 싶을 때가 있다. 정답은 경의선숲길이다. 대로변에선 볼 수 없는 도시의 속살을 만난다. 선형 공원을 따라 계속 변하는 도시 풍경을 가로지르면 일상에 속박된 팔다리가 주권을 회복한다. 건강한 리듬과 활기찬 표정으로 도시를 걷는 사람들. 6.3킬로미터 노선 전체를 완주해야 하는 건 아니다. 주변 핫플들의 유혹에 못 이기는 척 몸을 맡겨도 된다.

¶ 광교호수공원 경기 수원시 광교호수공원로 102

한 바퀴 돌아 출발 지점으로 다시 오는 호수공원 산책은 다분히 철학적이다. 단 하나의 호수공원만 꼽아야

한다면, 단연코 광교호수공원이다. 높고 낮은 여러 갈래 산책로가 엮이고 엇갈리며 수변을 따라가는 디자인이 일품이다. 옛 유원지의 기억을 품고 있는 공원, 넉넉한 의자가 산책자를 환대한다.

¶ **노들섬** 서울 용산구 양녕로 445
도시의 소란을 피해 잠시 자발적으로 표류하고 싶다면, 한강대교 지나는 버스를 타고 가다 노들섬에 내리면 된다. 서늘한 강바람을 친구 삼아 섬 하단 시멘트 둔치를 한 바퀴 돌아보자. 갈라진 시멘트 틈새로 야생의 풀들이 삐져나온 이 길은 반세기 가까이 유기된 노들섬의 옛 시간이다. 버드나무 사이로 해넘이가 시작되는 시간을 맞추면 더 좋다.

¶ **덕수궁** 서울 중구 세종대로 99
어쩌다 서울 도심에서 한 시간 여유가 생기면 나는 덕수궁을 택한다. 길을 걷다가 몇 걸음만 옮기면 바로 들어갈 수 있다. 궁궐 특유의 위압감과 고립감이 없다. 여느 공원이나 가로, 광장보다 앉을 곳이 많다. 조선의 전각들, 유럽 신고전주의 양식의 석조전, 프랑스식 정원이 뒤섞여 기분 좋은 긴장감이 흐른다.

¶ 덕진공원 <small>전북 전주시 덕진구 권삼득로 390</small>

덕진호를 가득 덮는 연꽃으로 유명한 덕진공원은 아주 오래된 공원이다. 전주 사람들의 추억과 이야기가 겹겹이 쌓인 이 유원지는 할머니 할아버지가 오리배 타며 데이트하던 곳이자 엄마 아빠가 물장난치며 무더위를 이겨내던 곳이다. 새로 조성된 맘껏숲놀이터에서 아이들은 자연을 만나고 시간을 달린다.

¶ 미사경정공원 <small>경기 하남시 미사대로 505</small>

아무것도 하지 않아도 되는 평일 오후가 선물처럼 주어진다면 미사리를 권한다. 그때 그 라이브 카페촌은 미사강변도시로 변했지만, 86아시안게임과 88올림픽 때 만든 조정경기장은 그때 그대로다. 긴 변 길이 2킬로미터가 넘는 직사각형 수면을 멍하게 바라보는 경험, 생경하지만 이물감 없이 산뜻하다. 제니 오델의 《아무것도 하지 않는 법》 같은 책을 가지고 가면 더 좋다.

¶ 배곧한울공원 <small>경기 시흥시 배곧2로 106</small>

모래에 신발 망가질 걱정 없이 해변을 걷고 싶다면, 시흥의 신도시 외곽을 따라 서해와 접한 배곧한울공원만 한 곳이 없다. 직선형 해안을 두 시간 가까이 걸어도 단조롭지 않다. 한쪽으론 초고층 아파트가, 다른 한쪽으론 바다가 펼쳐진다. 해지는 쪽으로 무작정 직진하다 보면 갯내음이 말을 걸어온다. 노을이 몸으로 달려든다.

¶ 분당중앙공원 경기 성남시 분당구 성남대로 550

집 주변의 크고 작은 동네공원들은 언제나 옳다. 나의 동네공원은 분당중앙공원이다. 탄천 변에서 도시를 올려다보면 도로와 자동차가 시야에서 삭제된다. 오래된 신도시 공원이라 좀 무미건조하지만, 고단한 일상을 위로해주는 나만의 자리가 언제나 나를 환대한다. 동네공원에 비밀 아지트를 만들어보자.

¶ 사직야구장 부산광역시 동래구 사직로 45

세상에서 가장 신나는 공원은 야구장이다. 야구장은 집단의 힘과 익명의 자유를 동시에 즐길 수 있는 공원, 열광과 고뇌를 변주할 수 있는 공원이다. 창원NC파크처럼 아름다운 신상 야구장도 경험해봐야 하지만, 그래도 한국 최고의 야구장 공원은 '세상에서 가장 큰 노래방', 부산 사직야구장이다.

¶ 서서울호수공원 서울 양천구 남부순환로64길 20

낙후 이미지가 강한 동네 신월동에 들어선 서서울호수공원 자리엔 원래 정수장이 있었다. 정수장 침전조

의 콘크리트 구조물을 재활용해 만든 복층형 정원 공
간의 디자인도 뛰어나지만, 이 공원은 백미는 김포공
항행 비행기가 지나갈 때마다 센서로 감지해 작동하
는 소리분수의 물줄기다. 비행기 소음을 즐길 수 있다
니! 공원이 동네를 살렸다. 공원이 동네의 공간적 영
양제 역할을 한다.

¶ 서울숲 서울 성동구 뚝섬로 273

뚝섬유원지의 DNA를 이어받은 서울숲은 늘 붐비고
활력 넘치는 공원이다. 넓은 잔디밭 위로 펼쳐진 시원
한 풍광을 즐기며 해찰하는 것도 좋지만, 서울숲에선
생태숲 위를 지나 한강변으로 뻗어나가는 보행교를
꼭 걸어야 한다. 강변북로를 쉴 새 없이 달리는 자동
차 행렬을 날렵한 직선형 다리 위에서 내려다보면 가
슴에 쫄깃한 근육이 자란다. 다리에서 내려오면 발 바
로 앞으로 한강이 흐른다.

¶ 서울어린이대공원 서울 광진구 능동로 216

1970년대 아이들의 첫 번째 천국이었던 원조 놀이공
원, 서울어린이대공원에는 세월이라고 불러도 좋을
긴 시간의 흔적들이 남아 있다. 쉰 살을 넘긴 중년의
공원은 오래된 흑백영화의 한 장면 같다. 고치고 덧댄
시설과 공간의 콜라주, 과거의 화려함을 찾기 힘든 쓸

쓸한 풍경. 그 틈을 일상의 호젓한 산책과 한가로운 휴식이 채운다.

¶ 선유도공원 서울 영등포구 선유로 343

나의 최애 공원인 선유도공원에 대해선 할 말이 너무 많아 지면이 모자란다. 한강 최초의 섬 공원이자 국내 최초의 산업시설 재활용 공원이라는 평가도 중요하겠지만, 선유도공원의 정수는 공감각의 미학이다. 한숨에 다가오는 서울의 냄새, 살갗에 와 닿는 서걱한 강바람, 시멘트 기둥의 생살과 물 얼룩의 물성에 포개진 녹색 생명의 힘. 이 모든 것이 동거하며 빚어내는 생경한 미감. 겨울에도 아름답다. 눈 내린 아침의 선유도공원, 옛 정수장과 새 공원의 경계가 지워지고 순수 형태 그 자체만 우리 눈앞에 놓인다.

¶ 송현동 공터 서울 종로구 송현동 48-9

서울 지도에서 사라졌던 금단의 땅 송현동이 열렸다. 도시에 왜 여백이 필요한지 역설하는 송현동 공터는 열린 경관의 힘과 매력을 발산하며 서울 도심에 숨통을 틔운다. 유려한 인왕산과 장엄한 북악산 산세가 파노라마로 펼쳐진다. 여백의 경관은 미래 세대의 몫이다. 여백이 도시를 살린다.

¶ 시흥갯골생태공원 경기 시흥시 동서로 287

소래염전의 소금 생산이 중단된 뒤 불모의 땅으로 버려진 세월을 겪고 생태공원으로 거듭난 시흥갯골생태공원. 물과 뭍과 식물이 뒤섞인 두터운 질감, 바람이 실어나른 비릿한 바다 냄새가 함께 빚어내는 공감각의 경관이다. 경계의 생태계가 발산하는 풍경이 경이롭다. 잠시 걷기만 해도 위로를 안겨준다.

¶ 양화한강공원 서울 영등포구 노들로 221

양화한강공원은 강이 범람할 때마다 쌓이는 뻘이 원활하게 들고 날 수 있도록 제방형 둔치를 해체하고 지형을 다시 설계한 공학적 공원이다. 물론 이런 속사정은 몰라도 그만이다. 강가로 완만하게 이어지는 아름다운 경사면 덕분에 공원 어디서나 강이 한눈에 들어온다. 계단 없이 물가로 내려가 '물멍'을 즐길 수 있다.

¶ 오목공원 서울 양천구 목동서로 159-2

오래된 동네공원이 옷을 갈아입었다. 리노베이션을 마친 새 오목공원 중앙에는 경쾌한 디자인의 정사각형 회랑이 있다. 잔디마당을 둘러싼 회랑은 널찍한 길이자 넉넉한 지붕이다. 비와 눈을 피할 수 있고, 그늘을 누릴 수 있다. 의자와 테이블을 넉넉하게 흩어놓은 도시의 라운지다. 회랑 상부는 풍성한 숲과 도시 풍경을 한눈에 조망할 수 있는 공중 산책로다.

¶ 청계천 서울 중구 태평로 1가~성동구 용답길 86

청계천은 공원과 도시의 역동적 함수 관계를 보여주는 선형 공원이다. 중랑천과 합류하는 청계천 하류 쪽은 청계천 도심 구간과 완전히 다르다. 넓고 거친 야생의 힘을 품은 청계천 하류. 지면보다 낮은 천변에서 도시 스카이라인을 올려다보며 풍경의 전이가 가져다주는 역동을 경험하면 서울이 달리 보인다.

¶ 하늘공원 서울 마포구 하늘공원로 95

쓰레기 산 난지도 정상에 만든 하늘공원에선 정말 하늘만 보인다. 산이나 건물이 시야에 걸리지 않고 하늘 경관만 온전히 경험할 수 있는 공원. 일상의 번잡함을 잠재우는 아름다운 노을을 만날 수 있다. 억새의 거친 물성이 빚어내는 질감이 우리의 촉각을 일깨운다. 그러나 아직도 공원 밑에선 매립지에 묻힌 도시의 욕망이 끓고 있는 인류세의 경관.

¶ F1963 부산 수영구 구락로123번길 20

전시와 공연, 식음 기능을 묶은 복합문화공간이 붐이다. 수명을 다한 공장, 버려진 창고, 폐기된 산업시설의 구조와 재료를 재활용하는 경우가 많다. 이런 재생 공간이 이제 너무나 흔해졌지만, 고려제강의 와이어 생산 공장에서 문화 공원으로 탈바꿈한 F1963은 공간 설계와 프로그램의 조응이 탁월하다. 공장의 자취와 대나무숲을 엮은 야외 공원도 꼭 산책해야 한다. 바로 맞붙은 현대 모터스튜디오 부산까지 관람하면 '디자인 데이'를 완성할 수 있다.